Coordenação
José Goldemberg
Francisco Carlos Paletta

SÉRIE ENERGIA E SUSTENTABILIDADE

ENERGIAS RENOVÁVEIS

Centro de Estudos de Energia e Sustentabilidade
Faculdade de Engenharia
Fundação Armando Alvares Penteado

Blucher

Coordenação
José Goldemberg
Francisco Carlos Paletta

SÉRIE ENERGIA E SUSTENTABILIDADE

ENERGIAS RENOVÁVEIS

Autores
Francisco Paletta
Suani Coelho
Roberto Ziles
Ricardo Benedito
Geraldo Lúcio
Regina Mambelli
Camila Galhardo
João Tavares Pinho
Elizabeth Pereira
Ennio Peres da Silva

Energias renováveis
© 2012   José Goldemberg
              Francisco Carlos Paletta
3ª reimpressão – 2015
Editora Edgard Blücher Ltda.

Apoio:
Roberto Ziles
Alia Rached
Ana Maria Ayrosa

Blucher

Rua Pedroso Alvarenga, 1245, 4º andar
04531-934 – São Paulo – SP – Brasil
Tel.: 55 11 3078-5366
contato@blucher.com.br
www.blucher.com.br

Segundo o Novo Acordo Ortográfico, conforme 5. ed.
do *Vocabulário Ortográfico da Língua Portuguesa*,
Academia Brasileira de Letras, março de 2009.

É proibida a reprodução total ou parcial por quaisquer
meios, sem autorização escrita da Editora.

Todos os direitos reservados pela Editora
Edgard Blücher Ltda.

FICHA CATALOGRÁFICA

Energias Renováveis (1. : 2012 : São Paulo)
    Energias Renováveis / José Goldemberg, Francisco
Carlos Paletta... [et al.]. – São Paulo: Blucher, 2012.

ISBN 978-85-212-0608-8

1. Energia – Pesquisa 2. Engenharia – Estudo
e ensino 3. Fontes energéticas renováveis – Pesquisa
I. Goldemberg, José. II. Paletta, Francisco Carlos.

11-05591   CDD-621.042

Índices para catálogo sistemático:
1. Energias renováveis e sustentabilidade: Engenharia:
Tecnologia: Conferências   621.042

Na Fundação Armando Alvares Penteado, como acreditamos que o amanhã é o resultado do esforço cotidiano, nós transformamos as ideias em prática e a consciência em vontade transformadora, congregando todos em uma mesma plataforma de objetivos. Ao olharmos o passado, estamos buscando compreender o presente para dar forma a uma continuidade rumo ao futuro. Com isso, procuramos iluminar constantemente a experiência sensível do pensar, do sentir e da convicção de que é indispensável ao mundo moderno cultivar o encontro entre os sentidos e a razão. É assim que se moldam o espírito, a filosofia e a razão de ser desta Instituição.

Para penetrarmos no âmago desse conceito, evoquemos duas imagens. Uma, síntese de harmonia, sugere que poesia, filosofia, educação e técnica se contemplam reciprocamente, inspirando uma mensagem de paz e uma poderosa energia transformadora. A outra são os jovens que almejam (sonham, desejam) estudar em um ambiente de efervescência intelectual, inquietação renovadora, entusiasmo e participação, no qual todas as manifestações do saber são importantes. A ênfase na pluralidade de vocações revela que nossos alunos, de acordo com suas inclinações e desejos, podem vir a ser cientistas, políticos, filósofos, empreendedores, educadores, poetas.

A FAAP é uma instituição de referência que incentiva o exercício do conhecimento e a democratização da cultura. A evolução que empreendemos no modo de pensar e agir foi moldada na matéria-prima dos sonhos. Transcorridos mais de 60 anos, iniciamos uma dinâmica completamente nova, tirando lições do que foi feito e estreitando laços com o mundo de hoje e as mudanças velozes e crescentes. Educando homens e mulheres como seres humanos autênticos, cientes de que a educação, mais do que a propriedade individual, pertence à sociedade e é parte de seu crescimento econômico e seu desenvolvimento espiritual. Nesta aliança tão rica, alinham-se professores e alunos, num corpo único, trabalhando pelo bem comum, numa prova de que o cenário do futuro esta pronto.

FUNDAÇÃO ARMANDO ALVARES PENTEADO

APRESENTAÇÃO

A energia como recurso essencial para a sobrevivência do planeta, associada à sustentabilidade de seu consumo, tem sido tema das principais discussões entre a sociedade civil, a indústria e as lideranças governamentais. Com o objetivo de discutir as melhores práticas de ensino da Energia na academia, a Faculdade de Engenharia da Fundação Armando Álvares Penteado (FAAP) realizou a 1ª Conferência de Energias Renováveis para o Ensino de Engenharia. O evento, que marca a criação do Centro de Estudos em Energia e Sustentabilidade da FAAP, reuniu profissionais e estudiosos de renomadas instituições, como o Instituto de Eletrotécnica e Energia (IEE/USP), Universidade Federal de Itajubá (UNIFEI-Itajubá), Universidade Federal do Pará (UFPA), PUC-MG e Universidade Estadual de Campinas (UNICAMP).

A Conferência realizada nos dias 27 e 28 de outubro discutiu oito temas centrais. No primeiro dia, foram abordadas as perspectivas para o uso de Energias Renováveis e os desafios do ensino da Engenharia no século XXI. A utilização da biomassa como uma das maneiras de reduzir a emissão de gases de efeito estufa e dos impactos ambientais, e o uso da energia solar fotovoltaica – que converte os raios solares em eletricidade - também foram debatidos.

No segundo dia, a Conferência debateu sobre as Pequenas Centrais Hidrelétricas, que se destacam entre as demais fontes renováveis de energia devido ao alto potencial hídrico do País. Em seguida, foi abordada a energia eólica, que apresenta inúmeras possibilidades de aplicação em sistemas isolados, especialmente próximos de regiões costeiras; a energia solar térmica, que abrange processos de aquecimento de fluidos, como água, ar e fluidos térmicos; e o hidrogênio, cuja tecnologia aparece como um importante complemento na forma de um vetor energético para o armazenamento e transporte de grandes quantidades de energia elétrica produzida por fontes renováveis.

A 1ª Conferência de Energias Renováveis para o Ensino da Engenharia consolida a primeira atividade do Centro de Estudos em Energia e Sustentabilidade (CEES) da FAAP. O objetivo do Centro é promover o debate em torno da matriz energética global, através de conferências, seminários, workshops, palestras, além de desenvolver pesquisas que coloquem o assunto em debate e apresentem novas propostas de uso consciente dos recursos naturais e da energia.

Vinculado à Faculdade de Engenharia da FAAP – que abriga o curso de Engenharia Química com ênfase em Energia e Sustentabilidade –, o CEES vai congregar estudiosos em meio ambiente, agronegócios, energias renováveis - como Etanol, Biomassa, Eólica, Solar Fotovoltaica, Pequenas Centrais Hidrelétricas, Hidrogênio – objetivando evidenciar a importância da matriz energética global, bem como seu impacto na sustentabilidade do planeta. A direção ficará a cargo do físico José Goldemberg. Erney Plessmann de Camargo, ex-presidente do CNPq e membro da Academia Brasileira de Ciências, e Francisco Paletta, diretor da Faculdade de Engenharia da FAAP, irão compor o Conselho Consultivo do Centro de Estudos.

A exaustão das reservas de combustíveis fósseis e os problemas ambientais causados pelos poluentes emitidos por eles evidenciam que esses recursos energéticos não poderão continuar a ser fontes principais de energia utilizadas pelo homem. Daí a importância fundamental de se discutir e desenvolver o uso de energias renováveis, essencialmente por não serem poluentes e não dependerem de fatores geopolíticos.

O CEES conta com a parceria da Fundação de Apoio da Universidade de São Paulo – FUSP, que contribuirá na elaboração de conteúdos programáticos para as disciplinas de biomassa, centrais hidroelétricas, energia solar fotovoltaica, energia eólica, produção e armazenamento de hidrogênio, entre outras. O Centro de Estudos também vai promover o intercâmbio com entidades congêneres no Brasil e no exterior, bem como envolver a comunidade de estudantes a repensar os valores sustentáveis por meio de cursos de pós-graduação, extensão universitária e de aperfeiçoamento técnico.

Energia Fotovoltaica: a energia solar fotovoltaica pode ser utilizada para muitos usos finais que necessitam eletricidade, seja para satisfazer as necessidades de localidades não assistidas pelas redes de distribuição ou para gerar energia elétrica de forma distribuída com sistemas conectados à rede elétrica de distribuição. Ambas as aplicações estão rompendo a barreira econômica.

Biomassa: a utilização de biomassa é uma das maneiras de reduzir a emissão de gases de efeito estufa, além de auxiliar na redução dos impactos ambientais locais, regionais e globais. Bagaço de cana-de-açúcar, por exemplo, apresenta balanço nulo de emissões, pois as emissões resultantes da queima do bagaço são absorvidas e fixadas pela planta durante o crescimento. A geração de empregos tem sido reconhecida também como uma das maiores vantagens das energias renováveis.

Pequenas Centrais Hidrelétricas: no Brasil, as Pequenas Centrais Hidrelétricas — PCH se destacam entre as demais fontes renováveis de energia devido ao potencial hídrico do país, à vocação de ter as centrais hidrelétricas como base da matriz elétrica nacional e ao domínio desta tecnologia que o país já alcançou.

Energia Eólica: a complementaridade sazonal entre os recursos hídrico e eólico faz com que o aproveitamento da energia eólica seja de grande importância para a matriz energética nacional. Além disso, existem inúmeras possibilidades de aplicação da energia eólica em sistemas isolados, especialmente próximos de regiões costeiras, mas também em regiões com relevo mais acidentado.

Energia Solar Térmica: a energia solar térmica abrange processos de aquecimento de fluidos, como água, ar e fluidos térmicos, em diferentes níveis de temperatura. Estão consolidadas no país as aplicações referentes ao aquecimento de água para fins sanitários, mas ainda é necessário o desenvolvimento de novas aplicações, modelagem matemática e validação experimental de equipamentos e sistemas termossolares.

Produção e Armazenamento de Hidrogênio: considerando o aumento das preocupações ambientais devido aos impactos provocados por toda a cadeia de extração, processamento, transporte, armazenamento e uso dos combustíveis fósseis – que dominam a grande maioria das matrizes energéticas dos países –, a tecnologia do hidrogênio aparece como um importante complemento, na forma de um vetor energético, para o armazenamento e transporte de grandes quantidades de energia elétrica produzida por fontes renováveis.

A energia e os desafios que envolvem o seu consumo se tornaram significativos em âmbito global, não sendo mais possível se manter alheio aos efeitos da exploração predatória e descontrolada. O nosso objetivo no CEES é discutir e propor novas soluções que levem ao desenvolvimento econômico sustentável.

Prof. Dr. Francisco Paletta
Diretor da Faculdade de Engenharia

INTRODUÇÃO

Energias renováveis representam hoje apenas 13% do consumo mundial de energia; combustíveis fósseis 80% e energia nuclear 7%. Carvão, petróleo e gás foram a base energética do desenvolvimento tecnológico do século XX, mas criaram os problemas com os quais nos defrontamos hoje: exaustão das reservas, problemas geopolíticos e poluição. Energias renováveis não criam esses problemas e estão crescendo, no seu conjunto, mais rapidamente do que o consumo de combustíveis fósseis: elas são a energia do futuro.

Por essa razão, é importante que os estudantes de engenharia de hoje se familiarizem com o uso e o potencial das energias renováveis. Em meados do século 21 elas dominarão o cenário energético mundial.

A 1ª Conferencia de Energias Renováveis para o Ensino de Engenheiros na FAAP (27 e 28 de outubro de 2009) foi organizado com essa finalidade. Nela, foram discutidos os temas biomassa, energia fotovoltaica, pequenas centrais hidroelétricas, energia eólica, energia solar térmica e uso energético de hidrogênio pelos melhores especialistas brasileiros no assunto.

Esta publicação contém as apresentações de todos os participantes para benefícios dos que não puderam participar da Conferência.

Prof. José Goldemberg
Coordenador

Sumário

Francisco Paletta
A engenharia no mundo contemporâneo – novos desafios, novos papéis, nova formação 15

Suani Coelho
Biomassa como fonte de energia 23

Roberto Ziles e Ricardo Benedito
Panorama das aplicações da energia solar fotovoltaica 33

Geraldo Lúcio, Regina Mambelli e Camila Galhardo
Panorama sobre a aplicação das pequenas centrais hidrelétricas na matriz energética nacional 43

João Tavares Pinho
Breve panorama da energia eólica...71

Elizabeth Pereira
Panorama das aplicações da energia solar térmica..83

Ennio Peres da Silva
Perspectivas para o uso energético do hidrogênio 99

Francisco Paletta[1]

CAPÍTULO 1

A ENGENHARIA NO MUNDO CONTEMPORÂNEO
NOVOS DESAFIOS, NOVOS PAPÉIS, NOVA FORMAÇÃO

A Engenharia, o Empreendedorismo Tecnológico e o Desenvolvimento Sustentável

Nos últimos 20 anos, países de industrialização recente, como Cingapura, China e Coreia do Sul, revolucionaram suas economias. Antes atrasadas tecnologicamente, pobres e voltadas fundamentalmente para a produção de alimentos, essas economias tornaram-se modernas e espantosamente dinâmicas. Por mais que tenham seguido trilhas particulares, não foram diferentes, nos casos citados, o estímulo e difusão da cultura de valorização da engenharia e da inovação tecnológica — condição indispensável para disputar eficazmente as melhores posições nos desafiadores mercados globais.

Para enfrentarmos a competitividade internacional, precisamos redimensionar o valor estratégico da ciência e compreender que ainda há um imenso trabalho a realizar para nos aproximarmos dos países que lideram a corrida.

Podemos estabelecer uma conexão entre a engenharia e o crescimento da economia? Fortes evidências indicam que sim.

---

[1]Diretor da Faculdade de Engenharia e da Faculdade de Computação e Informática da FAAP – Fundação Armando Alvares Penteado. Doutor em Ciências pela Universidade de São Paulo – USP, Instituto de Pesquisas Energéticas e Nucleares – IPEN. Mestre em Engenharia de Produção, MBA em Marketing, Pós-Graduação em Engenharia de Materiais, Pós-Graduação em Estratégia e Geopolítica, especialização em Automação Industrial pelo Automation College, Phoenix Arizona. Engenheiro Eletrônico pela Faculdade de Engenharia Industrial.

As questões macroconjunturais apresentadas para o Brasil são essenciais e envolvem muitas áreas de atuação. Dentre elas, uma que interessa sobremaneira, trata da modernização da engenharia. Não basta mais garantir a boa formação técnica dos alunos, é preciso desenvolver novas habilidades exigidas pelo mercado de trabalho global.

Nesse contexto de mudanças cada vez mais dinâmicas, os conhecimentos tornam-se obsoletos rapidamente. No caso da engenharia, vanguarda em relação a muitos campos do saber científico-tecnológico, estima-se que metade do que se aprende na universidade estará superado após cinco anos. É preciso, então, pensar em uma qualificação holística, valorizando habilidades de gestão, comunicação liderança, metodológicas, culturais, multidisciplinares e sistêmicas — todas destacadas na economia do conhecimento.

Para bem pensar hoje o ofício da educação, é preciso compreender e valorizar a complexidade do mundo contemporâneo. Esse é o grande dom que a vida trouxe ao nosso planeta. Evidentemente é possível estabelecer uma correspondência entre a complexidade do sistema nervoso humano e a complexidade do conhecimento humano. Assim como o mundo à nossa volta, os neurônios são extremamente complexos: numerosos, múltiplos e se acoplam de diversas maneiras distintas, criando uma teia de imensa diversidade.

Além de uma competência técnica específica — no caso da engenharia absolutamente indispensável, a maioria das novas, ou renovadas, profissões exigirá a prática de inúmeras capacidades culturais. Educar o engenheiro para o século XXI a fim de que o Brasil se destaque no cenário mundial é equilibrar o binômio especialista – em sua dimensão técnica - versus generalista – de caráter multidisciplinar.

Alta Performance: a base para a construção do futuro

Num mundo em que alcançar metas na sua plenitude dá a medida da sobrevivência de uma organização, manter-se orientado para o mercado cada vez mais globalizado, a despeito de todas as dificuldades conjunturais e estruturais, não é tarefa fácil. É preciso ter o futuro sempre como foco. A Faculdade de Engenharia da FAAP dedica-se a construir um projeto educacional inovador preparando o jovem engenheiro para aceitar o desafio de explorar o caminho da inovação e do crescimento sustentado. As organizações com melhor desempenho são aquelas capazes de identificar oportunidades, tirar partido das mudanças, transformar ideias em realidade e obter os resultados que as colocam sempre à frente da concorrência, à frente de seu tempo.

Tendo em mente a importância vital do papel do engenheiro para o bem estar e progresso da sociedade e que a Engenharia é a ponte entre a ciência e a sociedade, os cursos de Engenharia da FAAP estão alicerçados em três pilares: sólida formação acadêmica, empreendedorismo de base tecnológica e engenharia para o desenvolvimento sustentável.

Como questão fundamental, os cursos de Engenharia Civil, Elétrica, Mecânica, Química e de Produção da FAAP, aplicam em suas aulas e em seus projetos os princípios de desenvolvimento sustentável, olhando além do futuro imediato, com inovação e criatividade procurando sempre soluções equilibradas entre as necessidades da sociedade e os efeitos sobre o meio ambiente.

A Engenharia Civil, além de capacitar os alunos nas tecnologias correntes e nas tecnologias inovadoras mais avançadas de construção civil, volta-se para os efeitos de seu trabalho sobre o meio ambiente. A Engenharia Química capacita os futuros engenheiros nos desafios da matriz energética global, meio ambiente e sustentabilidade. A Engenharia Mecânica está direcionada para a indústria de transformação, a inovação nos processos de fabricação e design. A Engenharia Elétrica capacita nas tradicionais áreas de eletricidade e eletrônica como também em computação, automação e controle, robótica e inteligência artificial. A Engenharia de Produção tem foco nas modernas técnicas de gestão de processos produtivos.

Independentemente do curso, os alunos de Engenharia da FAAP são preparados para identificar, avaliar e iniciar novos empreendimentos de base tecnológica. O projeto Engenheiro Empreendedor estimula-os a desenvolver projetos inovadores utilizando modernas técnicas, específicas em sua área de atuação, além de impulsioná-lo na utilização de contabilidade, finanças, marketing, recursos humanos, operações, planejamento, administração estratégica, ética e responsabilidade ambiental.

Ciência, Engenharia e Tecnologia estão fortemente interligadas. Precisamos é ter uma melhor compreensão de como a engenharia converte os novos conhecimentos da ciência em tecnologia à serviço da modernidade. A engenharia projeta novos softwares e hardwares para computadores, desenvolve sistemas de comunicação e informação, automatiza processos, cria edifícios inteligentes e sustentáveis, cria moléculas no setor farmacêutico, implementa novas técnicas na bioengenharia, descobre alternativas energéticas, desenvolve processos para os mais variados segmentos da indústria como Petróleo e Gás, Mineração, Transporte, Serviços, Papel e Celulose, Máquinas Industriais, Agronegócio, Pesca, Mineração, Têxtil, Bebidas, Alimentos, Manufatura, Telecomunicações, Petroquímica, Siderurgia e Metalurgia, Eletroeletrônico, entre outros, impulsionando o crescimento sustentável.

Estudos realizados na Inglaterra pela Academia Real de Engenharia estimam que 50% do Produto Interno Bruto - PIB, do Reino Unido dependem da engenharia. Ao fazermos uma estimativa similar para o Brasil podemos concluir que cerca de R$ 1 trilhão do nosso PIB depende da engenharia.

A Era da Mobilidade

Num mundo sem barreiras à produção do conhecimento, "mobilidade" passou a ser um conceito-chave para todo profissional e para as empresas que competem num mercado cada vez mais globalizado. Mobilidade deve ser entendida não apenas no seu aspecto físico – até porque, num mundo integrado pela tecnologia da informação e da comunicação, a mobilidade está se tornando cada vez mais "virtual" -, mas principalmente no sentido de flexibilidade, de adaptabilidade, de interatividade.

A mobilidade é o conjunto de atributos que permite a um profissional aproveitar novas oportunidades, seja em países estrangeiros ou no próprio local de origem. A mobilidade exige competências que vão além da formação acadêmica tradicional, e a garantia oferecida por padrões internacionais de certificação e acreditação dos diplomas de nível superior.

Esta é uma tendência irreversível que decorre de novas formas de organização da produção em escala planetária, de que são exemplos o outsourcing, ou terceirização dentro das fronteiras nacionais; o offshoring, ou terceirização internacional; e a formação de cadeias de suprimento, e de informações e conhecimento. A mobilidade impõe-se pela necessidade de garantir a competitividade dos blocos econômicos regionais, bem como o desenvolvimento local, em resposta aos esforços da competitividade global.

Para alcançar essa mobilidade, o engenheiro necessita aliar o conhecimento técnico e científico tradicional – elementos básicos da matemática, ciências naturais e tecnologia – a outras habilidades que o qualificam a assumir responsabilidades no novo ambiente empresarial.

O desenvolvimento das engenharias seguiu o curso do processo de industrialização. Num primeiro estágio, a competência exigida do engenheiro era eminentemente técnica. Em um segundo momento, à medida que a indústria se diversificava e se sofisticava, passou a ser requerida a qualificação científica. Já na terceira etapa, adicionaram-se as competências gerenciais.

A direção seguida no processo foi a da especialização crescente. Avançou-se, então, para um quarto estágio, ao qual se chegou optando pela direção inversa – indo-se da especialização para a formação holística.

A formação holística, como uma exigência da mobilidade, está relacionada à flexibilidade mental e, portanto, à inovação. A relação entre conhecimento holístico, mercados globalizados, economia do conhecimento e desenvolvimento sustentável é intrínseca.

Para um engenheiro, ter formação holística significa agregar às competências técnicas básicas novos conhecimentos e habilidades. Esse profissional deverá conviver em comunidades e culturas diversificadas, que vivem e resolvem questões e problemas do cotidiano a partir de um olhar peculiar e característico. O engenheiro deve ter capacidade de comunicação e saber trabalhar em equipes multidisciplinares. Ter consciência das implicações sociais, ecológicas e éticas envolvidas nos projetos de engenharia, falar mais de um idioma e estar disposto a trabalhar em qualquer parte do mundo.

Uma compilação de estudos recentes resume o tipo de competências e habilidades requeridas hoje de um engenheiro:

- aplicação de conhecimentos de Matemática, Ciência e Física;
- concepção e realização de experimentos;
- atuação em equipes multidisciplinares
- identificação, formulação e solução de problemas de engenharia;
- senso de responsabilidade ética e profissional;
- reconhecimento da necessidade de treinamento continuado;
- utilização de técnicas e ferramentas modernas da prática de engenharia;
- projeto de sistemas, componentes e processos para atender necessidades específicas;
- compreensão do impacto das soluções de engenharia num contexto global e social;

No Brasil, o Ministério da Educação, por meio do Instituto Nacional de Estudos e Pesquisas Educacionais Anísio Teixeira (INEP), propôs as seguintes habilidades e competências para os futuros profissionais:

- argumentação e síntese associadas à expressão em língua portuguesa;
- assimilação e aplicação de novos conhecimentos;
- raciocínio espacial lógico e matemático;
- raciocínio crítico, formulação e solução de problemas;
- observação, interpretação e análises de dados e informações;
- utilização do método científico e de conhecimento tecnológico na prática da profissão;
- leitura e interpretação de textos técnicos e científicos;
- pesquisas, obtenção de resultados, análises e elaboração de conclusões;
- proposta de soluções para problemas de engenharia.

A formação de tais habilidades exige que as disciplinas técnicas previstas nas diretrizes curriculares sejam complementadas com conteúdo interdisciplinar, e que a teoria esteja acoplada à solução de problemas. A cooperação entre a universidade e a indústria, nesse caso, é fundamental. A compreensão do contexto histórico em que se desenvolvem as engenharias nos diversos países ajuda a quebrar as barreiras culturais. A educação continuada ou a aprendizagem ao longo da vida é exigência de um mundo em transformação acelerada e da tendência de envelhecimento da população, que leva a uma extensão da vida útil da força de trabalho.

A Engenharia, o Empreendedorismo Tecnológico e o Desenvolvimento Sustentável

Poucos países no mundo passaram por um ciclo tão intenso e vigoroso de transformações quanto o Brasil nos últimos 40 anos. Em 1967 nascia a Faculdade de Engenharia da Fundação Armando Álvares Penteado, enquanto o país dava os seus primeiros passos rumo a um capitalismo moderno. A análise das últimas quatro décadas mostra que, apesar de todos os seus problemas e limitações atuais, o Brasil tem apresentado grandes conquistas. Essa situação, entretanto, não nos livra da necessidade de aprofundar as transformações já iniciadas a fim de criar um novo – e fundamental – ciclo de desenvolvimento conduzindo o país a uma participação econômica e cultural relevante em termos globais.

No início deste novo milênio, o desenvolvimento do país, tanto do ponto de vista econômico quanto social, depende fortemente da tecnologia, que deve ser decisiva tanto na questão da inclusão social, quanto no papel da geração de riqueza com base em novos produtos nacionais. A habilidade do Brasil em se transformar de país emergente em desenvolvido depende da distribuição interna de renda e de um posicionamento agressivo no mercado global, como criador e desenvolvedor de produtos de base tecnológica. Nesse sentido, uma das principais ações que devem receber destaque nos próximos anos é o empreendedorismo tecnológico, isto é, a capacidade de oferecer ao mercado novos produtos baseados em tecnologias inovadoras, sempre com o diferencial de preços competitivos. Esse papel desafiador compete principalmente aos engenheiros, que devem ser capazes de produzir conhecimento, utilizando-se de novas técnicas, criatividade e arrojo para oferecer à sociedade global produtos com conteúdo diferenciado e que consigam melhorar a qualidade de vida das pessoas. Essa mentalidade empreendedora, e não puramente comercial, que é característica de países ainda em desenvolvimento ou subdesenvolvidos, levaria o Brasil a ingressar em um mercado liderado pelas principais potências mundiais, que geram riqueza por meio da tecnologia.

É importante percebermos hoje as duas fases da tecnologia, que definem caminhos opostos e complementares da engenharia no Brasil. Em uma primeira fase, encontramos a grande necessidade de se desenvolver produtos que facilitem a vida das pessoas, mas todos eles com tecnologias simples e de baixíssimo custo, a fim de atender as condições de boa parte da população do país, extremamente pobre. Em uma segunda fase, reconhecemos a necessidade de penetração no mercado de produtos de alta tecnologia, e que realmente gerem riqueza a partir de sua segmentação em um mercado mundial crescente. A princípio, com a situação atual do Brasil, a engenharia pode atuar de modo muito importante e imediato no primeiro caminho, sendo que o segundo caminho se restringe a mercados específicos, nos quais os investimentos são mais significativos e onde já se encontram resultados brilhantes, como na exploração de petróleo e na indústria aeronáutica. Esses dois caminhos abrem ao país mercados gigantescos, que podem gerar ganhos social e econômico, cada um a seu modo.

Percebemos a influência que os engenheiros e a engenharia brasileira podem e devem exercer nos rumos do país nos próximos anos, cujo objetivo é atingir o desenvolvimento sustentável da sociedade, dentro de um posicionamento global bem definido. Cabe à academia, em sintonia perfeita e em cooperação tecnológica com o setor industrial e de produção de bens e serviços, contribuir para a formação adequada dos recursos humanos, oferecendo não só a formação técnica, mas também humanística e global, de modo que os novos engenheiros se tornem vetores do progresso e da sustentabilidade.

Assim "atenta às transformações da nova engenharia para o século XXI, a Faculdade de Engenharia da FAAP tem como objetivo estreitar os laços entre a indústria e a universidade, equacionando as necessidades do mercado ao modelo de educação oferecido pela instituição, além de se integrar às políticas educacionais instituídas pelo governo", dando a sua contribuição na formação de recursos humanos essenciais para o desenvolvimento econômico sustentável do país.

Referências

MEC — Ministério da Educação e Cultura.

OCDE — Organization for Economic Cooperation and Development.

Royal Academy of Engineering.

ASCE — American Society of Civil Engineers.

Suani Coelho[1]

Capítulo 2
Biomassa
COMO FONTE DE ENERGIA

Introdução

A biomassa pode ser definida mediante diversos conceitos, porém, basicamente, se trata de todo recurso renovável oriundo de matéria orgânica (de origem animal ou vegetal) que pode ser utilizado para produção de energia.

A biomassa é usada desde os tempos antigos como fonte de energia (lenha) das sociedades sem, no entanto, apoiar-se em produção sustentável. Por este motivo, durante muito tempo, o termo biomassa foi associado à ideia de desmatamento.

Entretanto, as crises do petróleo da década de 70 tiveram papel significativo para alterar essa visão, pois o uso da biomassa como fonte de energia passou a ser encarado como uma opção alternativa em substituição aos derivados de petróleo. No século XX, teve início o uso da biomassa moderna, com pioneiro programa do álcool no Brasil e a prática do reflorestamento para produção de madeira.

---

[1]Graduada em Engenharia Química (1972) pela Fundação Armando Alvares Penteado (FAAP), Mestre (1992) e Doutora (1999) em Energia pelo Programa Interunidades de Pós-Graduação em Energia (PIPGE), da Universidade de São Paulo. Atualmente, é professora / orientadora do PIPGE da Universidade de São Paulo e secretária executiva do Centro Nacional de Referência em Biomassa CENBIO IEE / USP, atuando principalmente nos seguintes temas: Biomassa, Geração de Energia, Cogeração, Biogás, Análise do Ciclo de Vida, Externalidades e Cana de Açúcar.

Biomassa Moderna versus Biomassa Tradicional

As chamadas biomassas tradicionais são aquelas não sustentáveis, utilizadas de maneira rústica, geralmente para suprimento residencial (cocção e aquecimento de ambientes) em comunidades isoladas. Pode-se destacar a madeira de desflorestamento, resíduos florestais e dejetos de animais (KAREKESI; COELHO; LATA, 2004).

A biomassa tradicional é utilizada como fonte de energia primária para cerca de 2,4 bilhões de pessoas em países em desenvolvimento (IEA, 2002a). Por se tratar de um combustível barato e acessível, é muito utilizada em países e regiões mais pobres. Em países da África Subsaariana, por exemplo, a lenha é recolhida pelas mulheres e queimada dentro de casa, em fogões primitivos que fornecem energia e calor para cocção e aquecimento do lar. Nessa região, a biomassa responde por 70% a 90% da oferta total de energia primária (IEA, 2002b). Na Ásia, a utilização de biomassa também é evidente, cerca de 80% da população do meio rural e 20% das áreas urbanas utiliza biomassa para cocção (LEFEVRE et al, 1997; JINGJING et al, 2001).

Já as consideradas biomassas modernas são as fontes utilizadas de maneira sustentável, considerando processos tecnológicos avançados e eficientes.

Existem diversas experiências com o uso de biomassa moderna no mundo; um exemplo são os biocombustíveis. No Brasil o Programa do Álcool, por meio da obrigatoriedade da utilização do etanol de cana-de-açúcar em todos os veículos leves do país, foi responsável pelo crescimento do setor sucroalcooleiro que promoveu o desenvolvimento tecnológico de processos industriais e da agroindústria e atualmente é responsável por 700 mil empregos diretos e mais 3,5 milhões de empregos indiretos (COELHO, 2005a). Além disso, são consideradas modernas a utilização de madeira proveniente de reflorestamento, bagaço de cana-de-açúcar para geração de energia em caldeiras, entre outras.

Na Figura 2.1 é possível observar a contribuição de cada fonte na demanda mundial de energia primária em 2008, inclusive de biomassa moderna e tradicional, com as proporções de 1,83% e 7,90%, respectivamente (IEA, 2007; REN 21, 2008).

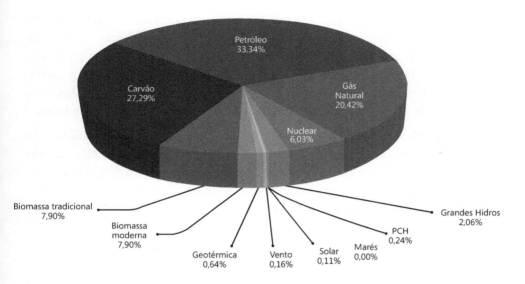

Figura 2.1 - Demanda Mundial de Energia Primária (2008).

Importância e Vantagens da Biomassa

Analisando as tecnologias das fontes energéticas alternativas renováveis, já suficientemente maduras para ser empregada comercialmente, somente a biomassa, utilizada em processos modernos com elevada eficiência tecnológica, possui a flexibilidade de suprir energéticos tanto para a produção de energia elétrica, quanto para mover o setor de transportes (Cortez; Lora; Ayarza – cap. 1 livro).

Quando produzida de forma eficiente e sustentável, a energia da biomassa traz inúmeros benefícios ambientais, econômicos e sociais em comparação com os combustíveis fósseis. Esses benefícios incluem o melhor manejo da terra, a criação de empregos, o uso de áreas agrícolas excedentes nos países industrializados, o fornecimento de vetores energéticos modernos a comunidades rurais nos países em desenvolvimento, a redução nos níveis de emissões de CO2, o controle de resíduos e a reciclagem de nutrientes.

As vantagens econômicas da biomassa, principalmente para os países em desenvolvimento, se baseiam no fato de ser uma fonte de energia produzida regionalmente e, portanto, colaborando para independência energética e geração de receita.

Com relação à questão social, como a maior parte da biomassa é produzida na zona rural, isso faz com que haja uma importante fixação e geração de empregos nessas regiões, principalmente para pessoas com baixa escolaridade. Em países pobres, como os do continente africano e da América Latina, a produção de uma biomassa sustentável pode contribuir para o desenvolvimento social da região com a geração de renda para as populações locais.

Maiores benefícios ambientais e energéticos podem derivar do cultivo de plantas perenes e florestas, além de plantações com safras anuais, que são matéria-prima alternativa de curto prazo para a produção de combustíveis e que promovem a diminuição dos níveis de emissão de CO_2, quando substituto dos combustíveis fósseis (Hall, 1995).

Fontes e Tecnologias de Aproveitamento da Biomassa

A biomassa pode ser obtida principalmente de vegetais não lenhosos, como a cana-de-açúcar e milho; de vegetais lenhosos, como é o caso da madeira e seus resíduos; e também de resíduos orgânicos, nos quais se encontram os resíduos agrícolas, urbanos e industriais.

O aproveitamento da biomassa pode ser feito por meio da combustão direta (com ou sem processos físicos de secagem, classificação, compressão (corte/quebra etc.), de processos termoquímicos (gaseificação, pirólise, liquefação e transesterificação) ou de processos biológicos (digestão anaeróbia e fermentação).

Há tecnologias de conversão bem consolidadas e que se encontram em escala comercial como: cogeração, fermentação, combustão direta, digestão anaeróbia, entre outras. Enquanto há outras em processo de desenvolvimento como: craqueamento, gaseificação, hidrólise, liquefação, pirólise, etc.

Produção de Energia por meio da Biomassa

Sabe-se que por meio da biomassa é possível a obtenção de energia, porém esta pode se apresentar em formas diferentes, como, por exemplo: etanol, biodiesel, carvão vegetal, lenha, biogás, entre outros.

Etanol combustível

De uma maneira geral a produção global de etanol triplicou desde o ano 2000, alcançando 52 bilhões de litros produzidos em 2007 (OESO, 2008).

O etanol de cana-de-açúcar brasileiro e o etanol de milho norte-americano lideram o mercado de biocombustíveis. Em 2007, Brasil e Estados Unidos foram responsáveis por 90% da produção mundial de etanol (ZUURBIER E VOOREN, 2008).

Por mais de três décadas (meados da década de 1970 até 2006), o Brasil foi o maior produtor e consumidor de etanol combustível. Em 2007 a produção alcançou 21,9 bilhões de litros, sendo que para o consumo interno o total foi de aproximadamente 18 bilhões de litros (EPE, 2008).

No Brasil, a matéria-prima utilizada para produção de etanol é a cana-de--açúcar que, segundo os balanços energéticos, comparado com outras biomassas, se destaca como a melhor matéria-prima para produção de energia renovável. Para cada unidade de energia fóssil utilizada no processo, ao menos 6,7 unidades de energia renovável são produzidas; enquanto na produção de etanol de milho, o balanço é de 1,4 unidades produzidas (MACEDO et al., 2008).

O impulso para produção de etanol no Brasil surgiu com o lançamento do Programa Nacional do Álcool (Proálcool) em meados da década de 1970, como tentativa para redução da dependência e substituição dos combustíveis fósseis. A partir de 2003, foram lançados comercialmente veículos com os motores flexíveis (flex-fuel), que têm representado atualmente a maioria dos veículos novos vendidos no país, aumentando a demanda nacional pelo biocombustível.

Biodiesel

O biodiesel é um combustível que pode ser fabricado a partir de uma série de matérias primas (óleos vegetais diversos, gordura animal, óleo de fritura) pelos processos de

transesterificação e craqueamento. O processo que tem apresentado resultados técnico- econômicos mais satisfatórios é a transesterificação, no qual ocorre uma reação entre o óleo vegetal e um álcool (metílico ou etílico), na presença de um catalisador, e cujos produtos são um éster de ácido graxo (biodiesel) e glicerina.

A utilização do biodiesel é bastante difundida, principalmente na Europa Ocidental, cuja produção anual em 2003 atingiu 2,5 -2,7 milhões de toneladas, a Alemanha é o maior produtor mundial, respondendo por 42% da produção de 2002 (FULTON et al, 2004). Nesses países, o biodiesel é produzido principalmente a partir da reação de transesterificação entre o óleo de canola e o metanol (derivado do gás natural ou petróleo) (NOGUEIRA; MACEDO, 2005).

No caso brasileiro, são utilizados óleos vegetais de diversas oleaginosas, conforme as espécies produzidas em cada região, por exemplo, óleo de palma na região Norte, óleo de mamona na região Nordeste, óleo de soja na região Centro-Oeste. O álcool utilizado na reação será o etanol, produzido a partir da cana-de-açúcar.

O biodiesel tem como função a substituição de energias fósseis, a estratégia nacional é que esse biocombustível seja gradativamente introduzido na matriz energética do país. Desde 1º de julho de 2009, o óleo diesel comercializado em todo o Brasil contém 4% de biodiesel. O Brasil está entre os maiores produtores e consumidores de biodiesel do mundo, com uma produção anual, em 2008, de 1,2 bilhões de litros e uma capacidade instalada, em janeiro de 2009, para 3,7 bilhões de litros (ANP, 2009).

Carvão vegetal e lenha

O carvão vegetal é a transformação de biomassa como, por exemplo, a lenha (utilização bruta da madeira), em fornos ou reatores pelo processo de pirólise ou carbonização. O carvão vegetal, quando produzido de forma sustentável, a partir de lenha de reflorestamento ou resíduos agro-industriais, é um combustível renovável. O carvão vegetal é mais calórico do que a lenha e, quando queimado, libera menos fumaça. As tecnologias de carbonização sofreram muitos avanços.

Apesar da dificuldade em se quantificar o uso da lenha no mundo, em 2004, essa fonte representava 7,1% da oferta mundial de energia (IEA, 2006).

No Brasil, esse combustível já é produzido há cerca de 400 anos, sua produção só atingiu a maturidade na década de 1960. Nos últimos 10 anos, o consumo de lenha no país permaneceu praticamente constante nos setores residenciais, industrial e agropecuário. As grandes alterações ocorreram no setor de transformação, no qual a lenha é convertida em carvão vegetal.

O comércio de lenha no Brasil, em 2005, totalizou 75,7 milhões de toneladas e gerou 3,0 bilhões de reais para a economia brasileira. Não obstante a importância da participação da lenha na matriz energética brasileira, o comércio de lenha representou 0,15% do PIB brasileiro (IBGE, 2006).

A produção de carvão vegetal atingiu seu ápice em 1989, quando foram produzidos 44,8 milhões de metros cúbicos, após essa data a produção apresentou quedas constantes, com uma produção de 25,4 milhões de metros cúbicos em 2000.

O consumo de carvão vegetal está diretamente relacionado à indústria siderúrgica, e representou 43,3% do consumo de lenha em 2005 (BRASIL, 2006ª-uhlig). Já em 2005, o comércio de carvão vegetal totalizou 5,5 milhões de toneladas e gerou 1,7 bilhão de reais em vendas (IBGE, 2006).

Biogás

A utilização energética do biogás produzido em aterros teve início nos Estados Unidos, na década de 1970, sendo que a primeira planta operada com sucesso começou a funcionar em 1975, em Los Angeles (COELHO; PALETTA; FREITAS, 2000).

O biogás, por ser extremamente inflamável, oferece condições para duas situações possíveis de aproveitamento. O primeiro caso consiste na queima direta para produção de calor (cocção, aquecimento ambiental etc.). O segundo caso diz respeito à conversão de biogás em eletricidade. Assim, os sistemas que produzem o biogás podem tornar a exploração pecuária autossuficiente em termos energéticos, assim como contribuir para a resolução de problemas de poluição de efluentes.

No Brasil, até há pouco tempo, o biogás era simplesmente um subproduto, obtido a partir da decomposição anaeróbica de lixo urbano, resíduos animais e de lamas provenientes de estações de tratamento de efluentes domésticos. No entanto, o acelerado desenvolvimento econômico dos últimos anos, o aumento do preço dos combustíveis convencionais e as oportunidades criadas pelo Protocolo de Quioto têm encorajado as investigações na produção de energia a partir de novas fontes alternativas e economicamente atrativas.

Economia da Biomassa

Um dos principais argumentos contra o uso de energias renováveis diz respeito à inviabilidade econômica frente aos combustíveis fósseis, porém o Brasil possui iniciativas que demonstram a viabilidade da utilização de biomassa como fonte de energia.

O Programa Nacional do Álcool de (PROÁLCOOL), proposta do governo com o intuito de incentivar o consumo de etanol no país, iniciou-se baseado em subsídios que foram eliminados com o passar do tempo. Os investimentos em desenvolvimento tecnológico agrícola e industrial colaboraram para o aumento de produtividade e consequente redução dos custos de produção. Hoje, o etanol brasileiro é totalmente competitivo em relação à gasolina no mercado internacional. Esses resultados podem ser observados na curva de aprendizado (GOLDEMBERG et al, 2004) (Figura 2.2).

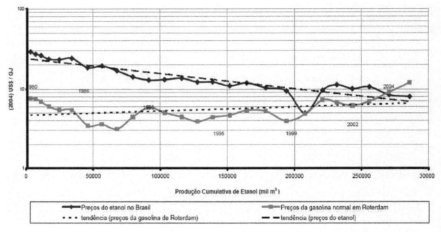

Figura 2.2. Curva de aprendizado do etanol de cana-de-açúcar (GOLDEMBERG et al, 2003).

Além disso, iniciativas do governo e projetos apoiados em critérios do Mecanismo de Desenvolvimento Limpo, podem refletir alternativas no mundo todo para ampliação do uso da biomassa, que, por meio do desenvolvimento da tecnologia, alcancem a viabilidade frente aos combustíveis não renováveis.

Sustentabilidade

As discussões ambientais, com destaque para aquelas referentes ao aquecimento global, têm sido cada vez mais o foco das atenções e o uso de energias renováveis aparece como alternativa energética e propiciam o cumprimento das metas previstas pelo Protocolo de Quioto, o qual busca reduzir as emissões globais de gases de efeito estufa causados, principalmente, pelo uso de combustíveis fósseis.

Porém, a adoção de critérios de sustentabilidade são fundamentais na produção de biomassa cujo destino seja a produção de energias renováveis.

Sabe-se que as iniciativas e compromissos do Brasil com a sustentabilidade no agronegócio vêm se destacando mundialmente, podendo ser avaliados por exemplos concretos, como o desenvolvimento e implementação de rigorosas leis ambientais, zoneamentos agro-ambientais, grandes investimentos, pesquisa, desenvolvimento e políticas sociais rurais (ZUURBIER E VOOREN, 2008).

O setor de produção de etanol atualmente está atento a esses parâmetros de sustentabilidade, uma vez que, com o aumento da demanda mundial dos biocombustíveis, o Brasil é considerado o principal ator nas exportações desse produto.

Além disso, os benefícios da produção e do uso de etanol no Brasil também podem servir como base e modelo para o desenvolvimento e implantação de sistemas que utilizem biomassa como fonte renovável para produção de biocombustíveis em todo o mundo (ZUURBIER E VOOREN, 2008).

Referências

ANP – Agência Nacional do Petróleo, Gás Natural e Biocombustíveis. *Biodiesel.* Ministério de Minas e Energia. Disponível em: http://www.anp. gov.br/biocombustiveis/biodiesel.asp, 2009

COELHO, S. T. Biofuels – *Advantages and Trade Barriers* – Background Paper to the Expert Meeting for Sectoral Trade Review of Developing Country Participation in New and Dynamic Sectors Session on Biofuels - Genebra, Fevereiro, 2005a.

COELHO, S. T., PALETTA, C. E. M; FREITAS, M. A. V. *Medidas Mitigadoras para a Redução na Emissão de Gases de Efeito Estufa na Geração Termelétrica.* 222p. IL .Brasília. Dupligráfica, 2000.

CORTEZ, L. A. B.; LORA, E. E. S.; GÓMEZ, E. O. Biomassa para energia. In: *Biomassa no Brasil e no Mundo.* Editora Unicamp: Campinas, 2008

EPE – Empresa de Pesquisa Energética. *Plano Nacional de Energia 2030.* Ministério de Minas e Energia, 2007

FULTON et al. – *Biofuels for Transport* – An International Perspective. Agência Internacional de Energia, ISBN 92-64-01512-4. Viena, 2004.

GOLDEMBERG, J. et al. Ethanol learning curve - the Brazilian experience, *Biomass and Bioenergy*, Vol. 26/3 pp. 301-304, 2003.

HALL, D. O. Biomass energy development and carbon dioxide mitigation options. *International Conference on National Action to Mitigate Global Climate Change*, Copenhagen, 1995

IBGE – Instituto Brasileiro de Geografia e Estatística. SIDRA – *Quantidade produzida na silvicultura por tipo de produto extrativo*. Disponível em: http://www.sidra.ibge.gov.br, 2006

IEA – International Energy Agency. *Energy balances of non-OECD countries 2003-2004*. Paris: OECD, 395p, 2006

IEA – International Energy Agency. *Energy Statistics and Energy Balances*. Paris, France, 2002b

IEA – International Energy Agency. *Energy Statistics and Energy Balances*. Paris, France, 2008

IEA – International Energy Agency. *World Energy Outlook, 2002*. Paris, France, 2002a

JINGJING, L. et al. Biomass Energy in China and its Potential. *Energy for Sustainable Development*, Vol. 5,No. 4. Bangalore, India, 2001

KAREKESI, S.; COELHO, S. T.; LATA, K. Traditional Biomass Energy: Improving its Use and Moving to Modern Energy Use. In: *International Conference for Renewable Energies, 2004*, Bonn. Thematic Background Paper, Alemanha, 2004.

LEFEVRE T. et al. Status of wood energy data in Asia. In: *IEA's First biomass workshop*. Paris, Fevereiro, 1997.

MACEDO, I. C., SEABRA, J. E. A, SILVA, J. E. A. R. *Greenhouse gases emissions in the production and use of ethanol from sugarcane in Brazil*: The 2005/2006 averages and a prediction for 2020. Biomass and Bioenergy, 2008

NOGUEIRA, L. A. H.; MACEDO, I. C. Biocombustíveis. *Cadernos NAE / Núcleo de Assuntos Estratégicos da Presidência da República* – nº 2. ISSN 1806-8588. Brasília, janeiro de 2005.

REN 21. *Renewables Global Status Report*. Disponível em: http://www.ren21.net/

ZUURBIER, P; VOOREN, J. V. *Sugarcane ethanol* – Contributions to climate change mitigation and the environment. Wageningen Academic Publishers: Holanda, 2008

Roberto Ziles[1] e Ricardo Benedito[2]

Capítulo 3

Panorama das Aplicações da Energia Solar Fotovoltaica

Introdução

O desenvolvimento atual da tecnologia solar fotovoltaica permite que sistemas fotovoltaicos utilizem o inesgotável recurso solar transformando-o em eletricidade de forma limpa, segura e confiável. Em função disso, questões relacionadas com a disseminação da produção fotovoltaica de eletricidade deixam de ser exclusivamente tecnológicas e passam a contar também com aspectos de ordem política e econômica.

As primeiras aplicações terrestres da tecnologia fotovoltaica ocorreram principalmente com sistemas isolados, capazes de abastecer cargas distantes da rede convencional de distribuição de eletricidade. No inicio da década de 1990, a

---

[1]Possui graduação em Física pela Universidade Federal do Rio Grande do Norte (1985), mestrado em Engenharia Mecânica pela Universidade Federal do Rio Grande do Sul (1988), doutorado em Engenharia de Telecomunicações na especialidade Sistemas Fotovoltaicos – Universidad Politécnica de Madrid (1993) e Livre Docência na especialidade Energias Renováveis - Universidade de São Paulo (2006). Atualmente, é professor associado do Instituto de Eletrotécnica e Energia, Membro do Editorial Board da Revista *Progress in Photovoltaics: Research and Applications* e Coordenador da Ação de Coordenação para o Desenvolvimento e Difusão da Geração Distribuída com Sistemas Fotovoltaicos do Programa de Ciência e Tecnologia para o Desenvolvimento, CYTED. Tem experiência na área de Engenharia Elétrica, com ênfase em Sistemas Fotovoltaicos, atuando principalmente nos seguintes temas: Sistemas Fotovoltaicos, Eletrificação Rural, Sistemas Fotovoltaicos Domiciliares, Sistemas Fotovoltaicos de Bombeamento, Geração Distribuída e Sistemas Fotovoltaicos Conectados à Rede.

[2]Doutorando em Ciências, na Área de Energia, pela Universidade de São Paulo (início em 2010). Mestre em Ciências, na Área de Energia, pela Universidade de São Paulo (2007-2009). Possui Graduação em Física, na modalidade Licenciatura Plena, pela Universidade de São Paulo (1997-2000). Possui experiência em conversão fotovoltaica da energia solar, com ênfase na geração distribuída a partir de sistemas fotovoltaicos conectados à rede elétrica. Apresenta experiência docente como professor de Física. Atualmente, é professor nos cursos de graduação em Engenharia da Universidade Nove de Julho.

conexão de sistemas fotovoltaicos à rede passou a ocupar lugar cada vez mais expressivo entre as aplicações da tecnologia fotovoltaica. A Figura 3.1 apresenta a potência instalada acumulada nos países participantes do Programa de Sistemas Fotovoltaicos da Agencia Internacional de Energia, IEA-PVPS, 2008[1]. No ano de 2007, apenas 6% da capacidade instalada, nos países participantes do IEA-PVPS, foi em aplicações não conectadas à rede elétrica.

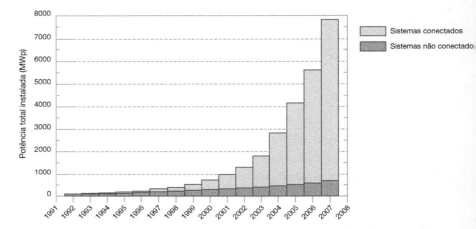

Figura 3.1. Potência acumulada (PVPS) entre 1992 e 2007 [1].

A Figura 3.2 apresenta a evolução da produção mundial de módulos fotovoltaicos nos últimos 10 anos [2]. Pode-se constatar que a energia solar fotovoltaica teve nos últimos anos um acelerado crescimento. Nos últimos 10 anos, a produção de módulos fotovoltaicos cresceu a uma taxa média de 51% ao ano e, entre os anos de 2007 e 2008, foi possível observar um crescimento de 82%. Em 2008, a produção mundial de módulos fotovoltaicos atingiu a cifra de 7.900 MWp.

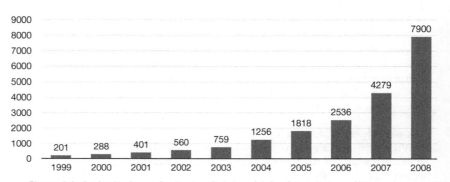

Figura 3.2. Evolução da produção mundial de módulos fotovoltaicos, últimos dez anos [2].

O incremento no crescimento, observado a partir de 1999, se deve aos programas de incentivo, em especial os programas alemão, espanhol e japonês, concebidos para ampliar a geração de eletricidade com fontes renováveis e reduzir a emissão de gases de efeito estufa. Portanto, a maior parte da produção de módulos fotovoltaicos vem sendo utilizada integradas em telhados e fachadas de edificações de zonas urbanas eletrificadas. Nesse caso, temos que, além de consumidoras de energia, essas edificações passam a produzir parte da energia necessária, podendo, em algumas situações verter o excedente à rede de distribuição de eletricidade. Nesses sistemas, a edificação consome energia de ambas as fontes, sistema fotovoltaico e sistema convencional de distribuição e, se o consumo de energia for menor do que o proporcionado pelo sistema fotovoltaico, o excedente pode ser injetado à rede de distribuição.

Sistemas Fotovoltaicos e a Geração Distribuída de Eletricidade

A expansão da oferta de energia elétrica tradicionalmente é pensada por meio da instalação de grandes usinas de geração, instaladas em regiões onde há disponibilidade de recursos energéticos. Essa forma de planejamento do setor elétrico resolveu e resolve os problemas de abastecimento elétrico. No entanto, como o tempo entre o início da construção de uma grande usina até a sua entrada em operação não é desprezível, é necessário realizar previsões exatas e antecipadas do momento certo de entrada da nova usina, tanto do ponto de vista técnico, como do financeiro. Isso porque a entrada em operação de uma grande usina geradora representa também uma capacidade instalada adicional, inicialmente ociosa, prevista para abastecer o crescimento da demanda futura. Aliado a esses empreendimentos, é necessária a construção de linhas de transmissão que permitam que a energia produzida possa ser levada aos centros de consumo.

Portanto, torna-se atrativo considerar a opção por acompanhar o crescimento da demanda nos centros urbanos, em seus setores residencial e comercial, aumentando a oferta de eletricidade mediante a instalação de pequenos sistemas fotovoltaicos nas unidades consumidoras. Esses sistemas poderão utilizar áreas já ocupadas como telhados de residências, coberturas de estacionamentos, coberturas de postos de gasolina, sobre edifícios públicos, para citar apenas alguns exemplos. As Figuras 3.3 e 3.4 ilustram duas dessas instalações.

Figura 3.3. Sistema de 12 kWp, integrado à edificação do Instituto de Eletrotécnica e Energia da Universidade de São Paulo.

Figura 3.4. Sistema fotovoltaico integrado a um estacionamento do Instituto de Eletrotécnica e Energia da Universidade de São Paulo.

Impactos Ambientais e Energy Pay-Back Time

Em relação às questões ambientais, pode-se afirmar que a tecnologia solar fotovoltaica não gera qualquer tipo de efluentes sólidos, líquidos ou gasosos durante a produção de eletricidade. Também não emite ruídos nem utiliza recursos naturais esgotáveis. Dentro desse tema, há dois tópicos que ainda permanecem em discussão: a emissão de poluentes e gastos energéticos durante o processo de fabricação dos módulos e as reais possibilidades de reciclagem depois de terminada sua vida útil.

Atualmente, considerando a conexão à rede de sistemas instalados sobre edificações, um sistema fotovoltaico levará entre 2,5 e 3 anos para restituir toda a energia gasta na produção

dos módulos, isso considerando sua aplicação em localidades com níveis médios de irradiação solar, 1700 kWh/m2ano [3]. A emissão de poluentes no processo de fabricação não é alta e já é fortemente controlada. Isso ocorre por dois principais motivos: em primeiro lugar, a indústria fotovoltaica tem grande interesse em preservar sua imagem de indústria limpa e amiga do meio ambiente e, portanto, possui estratégias de controle de emissões bastante cuidadosas. Em segundo lugar, o próprio processo de fabricação das células e montagem dos módulos exige o uso de ambientes controlados e limpos, o que obriga a indústria a utilizar processos de controle de emissão muito mais restritivos dos requeridos para a manutenção da saúde humana [4].

Considerando o oeste europeu, pode-se dizer que a emissão de CO_2 para uma unidade de geração fotovoltaica está entre 50 e 60 g/kWh que é consideravelmente menor do que as emissões das plantas térmicas que utilizam combustíveis fósseis, entre 400 e 1000 g/kWh. Por outro lado, esse parâmetro é ainda alto se comparado com outros recursos renováveis disponíveis, tais como eólica e biomassa, que apresentam taxas de emissão abaixo das 20 g/kWh [5].

A indústria fotovoltaica utiliza alguns gases tóxicos e explosivos e líquidos corrosivos na sua linha de produção; por exemplo: Cd, Pb, Se, Cu, Ni e Ag. A presença e a quantidade desses materiais dependem fortemente do tipo de célula que está sendo produzida. Como dito anteriormente, as necessidades intrínsecas ao processo produtivo das indústrias fotovoltaicas obrigam a adoção de métodos de controle bastante rigorosos, o que minimiza a emissão desses elementos ao longo do processo produtivo dos módulos. A reciclagem do material utilizado nos módulos fotovoltaicos já é um procedimento técnica e economicamente viável, principalmente para aplicações concentradas e em larga escala.

Aspectos econômicos da produção de eletricidade com sistemas fotovoltaicos

Já existem nichos de mercado onde os sistemas fotovoltaicos possuem maior competitividade. Esses nichos, hoje em dia, restringem-se às diferentes situações da eletrificação rural de países em desenvolvimento, onde a os altos custos de expansão das linhas de transmissão e distribuição ou as restrições ambientais encarecem e dificultam significativamente a eletricidade proveniente da rede elétrica. Nesses locais, as opções concorrentes aos sistemas fotovoltaicos, como a geração térmica a diesel, por exemplo, também enfrentam fatores limitadores que aumentam seus custos de geração, principalmente relacionados à dificuldade de acesso às localidades.

Em muitas situações da eletrificação rural nos países em desenvolvimento não é correto comparar diretamente o custo da eletricidade produzida pelos sistemas fotovoltaicos com o custo de outras fontes. Nos casos dos sistemas rurais, isolados da rede, frequentemente a utilização da eletricidade solar fotovoltaica não substitui o uso de outras fontes de eletricidade. Portanto, a discussão da viabilidade da aplicação dos sistemas fotovoltaicos deve considerar os custos evitados na compra de velas e querosene para iluminação, pilhas, recarga de baterias etc.

No caso da conexão de sistemas fotovoltaicos à rede a energia é disponibilizada no ponto de consumo, ou mais especificamente, na rede de distribuição. Portanto, os seus custos devem ser comparados aos custos da energia convencional da rede de distribuição, depois de incluídos o custo e as perdas relativas ao transporte. Do ponto de vista do consumidor, a comparação deve ser feita com a tarifa elétrica aplicada. Atualmente o custo médio de produção de energia elétrica com sistemas fotovoltaicos conectados à rede está entre R$ 650 e R$ 900/MWh, ou seja, entre duas a três vezes a tarifa aplicada ao consumidor residencial.

Como se pode constatar, o custo da energia produzida por sistemas fotovoltaicos é atualmente alto em relação à tarifa aplicada ao consumidor residencial, o que representa uma forte barreira à sua disseminação. Uma contra-argumentação aos altos custos da eletricidade produzida pelos sistemas fotovoltaicos é a constatação da evolução da curva de aprendizagem da tecnologia fotovoltaica que vem mostrando um decréscimo significativo desde o início de sua utilização em aplicações terrestres.

Por um lado, temos que o custo da energia elétrica convencional vem crescendo significativamente, assim sendo, vislumbra-se um momento por meio do qual esses custos serão equiparados, atingindo a denominada paridade tarifária. Por outro lado, temos que o custo de geração de energia elétrica a partir de sistemas fotovoltaicos conectados à rede é supostamente decrescente no tempo, como se pode observar na curva de aprendizado da fabricação dos módulos fotovoltaicos, Figura 3.5 [6]. A curva de aprendizado revela que, sempre que a produção acumulada de módulos fotovoltaicos dobra, o custo de produção cai em cerca de 20%.

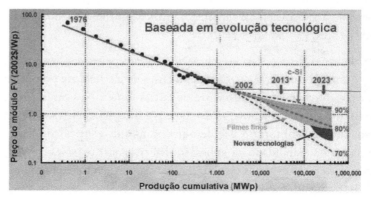

Figura 3.5. Curva de aprendizagem da tecnologia solar fotovoltaica. Adaptada de SUREK, T [9].

Tendo em vista essa tendência, ou seja, adotando um redutor anual de 5% no custo de geração fotovoltaica e aplicando-se essa taxa de amortização, em uma década, US$ 1,00 de hoje valerá US$ 0,61. Sob tais condições, poderá ser observada uma redução de 39% em 10 anos [7]. O estudo descrito pela Agência Internacional de Energia mostra que entre 1996 e 2006, o custo dos sistemas de alguns mercados-chaves sofreu uma redução superior a 40%, o que denota ser factível a premissa adotada para o redutor [8].

Em contrapartida, a tarifa convencional é supostamente crescente no tempo devido à necessidade de investimentos por parte das empresas geradoras, às variações dos custos administráveis e não administráveis e à correção inflacionária. Utilizando um incremento de 6% ao ano para descrever a evolução da tarifa, que pode ser considerado conservador, pois está abaixo do reajuste tarifário médio para o consumidor residencial nos últimos 12 anos. Considerando essas condições com cenário padrão, pode-se observar na Figura 3.6 a quantidade de anos até se atingir a paridade tarifária em algumas localidades do país.

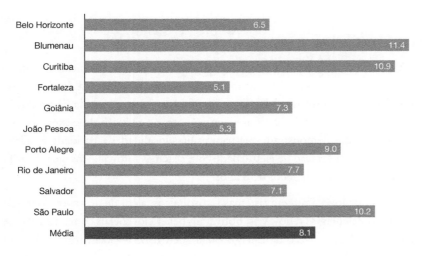

Figura 3.6. Tempo de equiparação do kWh fotovoltaico com a tarifa convencional (cenário padrão) [9].

A análise da Figura 3.6 permite destacar quatro situações. A primeira delas é que existe um grupo de localidades em que a tarifa convencional é superior à média nacional, ao passo que o custo de geração verificado está abaixo do valor médio. Isso ocorre particularmente nas cidades da região Nordeste e Centro-Oeste (exceto Goiânia). Nesses casos, a tendência à paridade é mais favorável, podendo ocorrer entre 5 e 7 anos, aproximadamente. RÜTHER et al. (2008) [10] chegaram a resultados semelhantes utilizando cenários baseados na simulação de um programa de incentivos aos SFCR no Brasil.

O oposto também é verdade: existem localidades onde o custo de geração médio é superior à média, enquanto a tarifa convencional cheia fica abaixo do valor médio. Essa situação foi verificada nas cidades das Regiões Sul (na totalidade) e Sudeste (exceto Belo Horizonte). Nessas cidades, a paridade poderá ocorrer entre 7 e 12 anos. Também chama atenção o caso de cidades em que o custo de geração é superior à média, mas, devido ao fato de apresentarem uma tarifa cheia bem superior às demais, podem registrar a paridade antes de 7 anos. Como exemplo, pode-se citar Belo Horizonte. Finalmente, é possível perceber a ocorrência de um quarto caso: o de localidades com elevado potencial solar e, consequentemente, de menor custo de geração, mas com uma tarifa inferior à média. Nesses locais, como Goiânia e Boa Vista, a equiparação só será verificada entre 7 e 9 anos.

Energia Solar Fotovoltaica e a Geração de Empregos

Os mecanismos de incentivo à energia solar fotovoltaica propiciaram o crescimento e inserção dos sistemas fotovoltaicos na matriz elétrica de alguns países. Esses mecanismos colaboraram significativamente na escala de produção da indústria fotovoltaica e, consequentemente, na redução de custos dos sistemas. Estudos demonstram que para muitas localidades a paridade tarifária, isto é, custo da geração de eletricidade com sistemas fotovoltaicos igual à tarifa elétrica, ocorrerá em menos de 8 anos.

Países que investiram em sistemas fotovoltaicos, além de desenvolverem sua indústria de energias renováveis, obtiveram benefícios sociais com a geração de empregos. A Associação de Energia Solar Alemã, BSW-Solar, registra 41.260 postos de trabalhos diretos associados com os sistemas fotovoltaicos, aproximadamente 4.000 novos empregos criados em 2007 e a Associação da Indústria Fotovoltaica Espanhola, ASIF, registra 17.000 postos de trabalhos diretos associados aos sistemas fotovoltaicos [11]. A Tabela 3.1 apresenta a distribuição de empregos diretos e indiretos contabilizados pela Associação da Indústria Fotovoltaica Espanhola e a Figura 3.7 apresenta a qualificação e distribuição dos empregos ASIF [12].

Final de 2007	Empregos diretos	Empregos indiretos	Total
Fabricantes	3.400	3.400	6.800
Instaladores	11.900	5.900	17.800
Outros	1.700	500	2.200
	17.000	9.800	26.800

Tabela 3.1. Empregos do setor fotovoltaico espanhol, final de 2007.

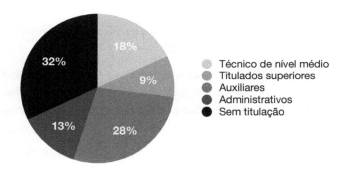

Figura 3.7. Qualificação e distribuição dos empregos da indústria fotovoltaica na Espanha.

Comentário Final

A energia solar fotovoltaica pode ser utilizada para muitos usos finais que necessitam eletricidade, seja para satisfazer as necessidades de localidades não assistidas pelas redes de distribuição ou bem para gerar energia elétrica de forma distribuída, com sistemas conectados à rede elétrica de distribuição. Ambas as aplicações estão rompendo a barreira econômica e urge introduzir o aluno de graduação em engenharia, interessado nessa área, aos procedimentos e técnicas de elaboração, instalação e operação de sistemas fotovoltaicos.

Referências

IEA-PVPS (2008). Trends in photovoltaic applications. Survey report of selected IEA countries between 1992 and 2007. *Report IEA-PVPST,* 1-17, 2008.

PHOTON International. *Market survey on global solar cell and module production 2008*, 3, pp 170-2063, 2009.

ALSEMA, E. A. Energy Pay-back Time and CO2 Emissions of PV Systems. *Progress in Photovoltaics: Research and Applications*, 8:17-25, 2000.

FTHENAKIS, V. M. MOSKOWITZ, P. D.; Photovoltaics: Environmental, Health and Safety Issues and Perspectives. *Progress in Photovoltaics: Research and Applications*, 8: 27-38, 2000.

ALSEMA, E. A. NIEUWLAAR, E.; Energy Viability of Photovoltaic Systems. *Energy Policy*, 28: 999-1010, 2000.

SUREK, T. Crystal growth and materials research in photovoltaics: progress and challenges. *Journal of Crystal*, 2005

BENEDITO, R. S. (2009). *Caracterização da Geração Distribuída de eletricidade por meio de Sistemas Fotovoltáicos Conectados à Rede, no Brasil, sob os aspectos técnico, econômico e regulatório*. Dissertação de Mestrado. Programa de Pós-Graduação em Energia. Universidade de São Paulo. São Paulo, 2009.

IEA (2007). Photovoltaic Power Systems Programme. *Trends in photovoltaics applications:* Survey report of selected IEA countries between 1992 and 2007. Switzerland, 2007.

BENEDITO, R. S.; ZILLES, R. (2009). *Caracterização da produção eletricidade por meio de sistemas fotovoltáicos conectados à rede no Brasil*. Artigo submetido ao ASADES 2009.

RÜTHER, R., et al (2008). Potential of building integrated photovoltaic solar energy generators in assisting daytime peaking feeders in urban areas in Brazil. *Energy Conversion and Management* 49, 6, 1074-1079.

8th EurObserv'ER Report. The state of renewable energies in Europe, 2008. Disponível em http://www.energies-renouvelables.org.

Associação da Indústria Fotovoltaica Espanhola. http://www.asif.org/

GERALDO LÚCIO TIAGO FILHO[1], REGINA MAMBELLI[2]
E CAMILA GALHARDO[3]

CAPÍTULO 4

PANORAMA SOBRE A APLICAÇÃO DAS PEQUENAS CENTRAIS HIDRELÉTRICAS NA MATRIZ ENERGÉTICA NACIONAL

Introdução

De acordo com a lei federal 9.648 (BRASIL, 1998) e com a Resolução da 612/03 da Agência Nacional de Energia Elétrica – ANEEL (ANEEL, 2003), Pequenas Centrais hidrelétricas (PCHs), são empreendimentos que utilizam a energia hidráulica oriundas de cursos de água para geração de eletricidade, com potências entre 1 a 30 MW, cuja área alagada não ultrapasse 13 km² e que atenda a relação expressa pela Fórmula 1.

---

[1]Graduação em Engenharia Mecânica pela Universidade Federal de Itajubá (1979), Mestrado em Engenharia Mecânica, na Área de Máquinas de Fluxo, pela Universidade Federal de Itajubá (1987) e Doutorado em Engenharia Civil, na área de Hidráulica, pela Universidade de São Paulo (1994). Especialização em Estudos e Projetos de PCH-Eletrobrás-Unifei, 1985, Especialização em Planejamento e Economia em Energia e Meio Ambiente - Fundação Bariloche, Universidade de Comaue, Argentina. Atualmente, é Professor Titular da Universidade Federal de Itajubá e Secretário Executivo do Centro Nacional de Referências em PCH. Tem experiência na área de Recursos Hídricos, Geração e Planejamento de energia, atuando principalmente nos seguintes temas: Recursos Hídricos, Hidráulica, Transitórios Hidráulicos, Pequenas Centrais Hidrelétricas, Máquinas Hidráulicas, Mini e Microcentrais Hidrelétricas, Turbinas Hidráulicas e Hidromecânicos. Editor da revista *PCH Notícias&SHP News*. Membro do Comitê Científico do International Association Hydraulic Research – Hydraulic Machine and System. Membro do International Energy Agency – Anexe II Small Hydro.

[2]Possui graduação em Engenharia Civil pela Universidade de Taubaté (1997), mestrado em Engenharia Civil - Hidráulica e Saneamento pela Escola de Engenharia de São Carlos da Universidade de São Paulo, EESC/USP (2000) e doutorado em Engenharia Civil - Hidráulica e Saneamento pela Escola de Engenharia de São Carlos / Universidade de São Paulo, EESC/USP (2005). Tem experiência na área de Engenharia Civil, com ênfase em Hidráulica e Saneamento, atuando principalmente nos seguintes temas: resíduos sólidos e líquidos, recursos hídricos superficiais e subterrâneos, percepção ambiental e contaminação.

[3]Possui Mestrado em Engenharia da Energia (2007) pela Universidade Federal de Itajubá e graduação em Relações Públicas pela Pontifícia Universidade Católica de Campinas (2002). Atualmente, é Gerente de Comunicação Social do Centro Nacional de Referência em Pequenas Centrais Hidrelétricas localizado na Universidade Federal de Itajubá. Tem experiência na área de Engenharia Elétrica, com ênfase em Energia, atuando principalmente nos seguintes temas: Energia Renovável, PCH, Meio Ambiente, Matriz Energética e Mercado de Energia.

Fórmula (1)

$$A \le 14{,}3 \cdot \frac{P}{H_b} \le 13[km^2]$$

Onde:

P é a potencia do empreendimento em MW.

Hb é a queda bruta da central, em metros.

A revisão do conceito de PCHs e os incentivos dados às PCHs foram precussores das mudanças institucionais e de regulação estendidas às outras fontes renováveis de energia, tais como a eólica e a biomassa. Nesse contexto, os principais atrativos dados às PCHs são:

- Necessidade de obter outorga de autorização, não onerosa, para o empreendimento junto ao órgão regulador, no caso, a Aneel, evitando-se os riscos inerentes aos processos de leilões de potencial, conforme previsto na Lei nº 9.427, de 26 de dezembro de 1996 (BRASIL, 1996);

- Possibilidade de apresentar Relatórios Ambientais Simplificados (RAS) para licenciamento ambiental, no caso de obra considerada de baixo impacto ao meio ambiente, conforme Resolução CONAMA nº 279, de 27 de junho de 2001 (MINISTÉRIO DO MEIO AMBIENTE, 2001);

- Desconto igual ou superior a 50% nos encargos de uso dos sistemas de transmissão e distribuição, conforme Resolução ANEEL nº 281, de 10 de outubro de 1999 (ANEEL, 1999);

- Livre comercialização de energia para consumidores de alta tensão com carga igual ou superior a 500 kW, de acordo com a Lei nº 9.427, de 26 de dezembro de 2006 (BRASIL, 2006);

- Possibilidade de comercializar a energia gerada por meio das concessionárias distribuidoras, conforme o limite tarifário definido pela ANEEL para a Geração Distribuída, dada Resolução Normativa ANEEL nº 167 de 10 de outubro de 2005 (ANEEL, 2005);

- Isenção relativa à Compensação Financeira pela Utilização de Recursos Hídricos (CFURH), de acordo com a Lei nº 9.427, de 26 de dezembro de 1996 (BRASIL, 1996);

- Isenção de pagamento de Uso de Bem Público (UBP), conforme Lei federal nº 9.648, de 27 de maio de 1998 (BRASIL, 1998);

- Isenção da obrigação de aplicar, anualmente, o montante de, no mínimo, 1% de sua receita operacional líquida em pesquisa e desenvolvimento do setor elétrico conforme a Lei Federal nº 9.991, de 24 de julho de 2000 (BRASIL, 2000);

- Possibilidade de participar no rateio da Conta de Consumo de Combustível (CCC), quando o empreendimento substituir unidade de geração térmica a óleo diesel, nos sistemas isolados, conforme Resolução Normativa ANEEL nº 146, de 14 de fevereiro de 2005 (ANEEL, 2005);
- Possibilidade de se optar pelo regime de tributação pelo lucro presumido;
- Possibilidade de obtenção de créditos de carbono previstos nos Mecanismos de Desenvolvimento Limpo (MDL), do protocolo de Quioto; e
- Possibilidade de se beneficiarem dos incentivos do Programa de Aceleração do Crescimento (PAC) do Governo Federal.

O Sistema Brasileiro de Geração e Transmissão de Energia Elétrica

Conforme mostrado na Tabela 4.1 e na Figura 4.1, o sistema de geração brasileiro é formado por um sistema interligado, o Sistema Interligado Nacional (SIN), que corresponde a 98% do mercado e essencialmente hídrico, conforme dados obtidos em ONS (2009a), sendo composto por 80%, formado por grandes usinas hidrelétricas, complementado por centrais térmicas a gás e carvão, 17%, e por usinas nucleares, 2%, e por importação, 12%, na sua maior parte oriunda do lado paraguaio da usina de Itaipu, de acordo com dados oriundos de ONS (2009a) e EPE (2009).

Figura 4.1. Sistema elétrico Brasileiro – expansão do sistema. Fonte: modificado de ONS (2008a), Tiago Filho (2009).

Tipo		Capacidade Instalada			Total		
		N° de usinas	(kw)	%	N° de usinas	(kw)	%
Hidro		795	77.841.492	69,48	795	77.841.492	69,48
Gás	Natural	90	10.599.802	9,46	121	11.844.285	10,57
	Processo	31	1.244.483	1,11			
Petróleo	Óleo diesel	763	3.724.578	3,32	783	4.989.772	4,45
	Óleo residual	20	1.265.194	1,13			
Biomassa	Bagaço de cana	270	3.956.978	3,53	331	5.318.775	4,75
	Licor negro	14	1.203.798	0,91			
	Madeira	32	265.017	0,24			
	Biogás	8	41.784	0,04			
	Casca de arroz	7	31.408	0,03			
Nuclear		2	2.007.000	1,79	2	2.007.000	1,79
Carvão Mineral	Carvão Mineral	8	1.455.104	1,30	8	1.455.104	1,30
Eólica		33	414.480	0,37	33	414.480	0,37
	Paraguai		5.650.000	5,46			
	Argentina		2.250.000	2,17			
	Venezuela		200.000	0,19			
	Uruguai		70.000	0,07			
Total		2703	112.040.908	100	2.703	112.040.908	100

Tabela 4.1. Empreendimentos de Energia Elétrica em Operação no Brasil

Já a região amazônica é atendida por vários sistemas isolados e corresponde a 2% do mercado e é constituída essencialmente por alguns grandes centros urbanos e por um grande número de pequenas comunidades pulverizado em toda a região. Principalmente ao longo das margens dos rios. Desse modo, representam em um grande desafio para atendimento do serviço de energia elétrica.

À medida que os recursos hídricos são explorados, o sistema de geração brasileiro vai se estendendo para as regiões Centro-Oeste e Norte do país, ficando como remanescentes nas demais regiões apenas os pequenos potenciais.

Com a expansão, os grandes aproveitamentos hidrelétricos estão cada vez mais distantes dos grandes centros de consumo, o que tem demandado linhas de transmissão de grandes extensões. Resultando, desse modo, em perdas de energia e em investimentos cada vez maiores e diminuindo a atratividade nesta forma de geração de energia.

Figura 4.2. Expansão da geração por pequenas centrais hidrelétricas no Brasil. Fonte: ANEEL (2009)

Em compensação, as PCHs vão se viabilizando em função do potencial hídrico remanescentes nas bacias hidrográficas já extensamente exploradas e das novas linhas de transmissão que vão se aproximando dos pequenos potenciais hídricos existentes nas novas fronteiras. A Figura 4.2 mostra como se deu a expansão das PCHs em função da expansão do sistema de geração e transmissão de energia elétrica brasileiro.

Potencial disponível

O Brasil é um país que conta com enorme potencial hídrico, avaliado em torno de 260 GW, do qual, conforme mostra a Figura 4.3, apenas 28,2% são utilizados, conforme ANEEL (2008a).

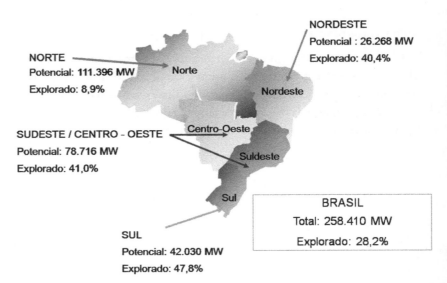

Figura 4.3. Potencial Hídrico Disponível. Fonte: ONS (2009b).

Apesar da parcela do potencial hidráulico já explorado ser pequena, os grandes potenciais disponíveis nas grandes bacias hidrográficas do Sul, Sudeste e do Nordeste já podem ser declarados como exauridos.

De acordo com Souza e Tiago Filho (2008), o limite hidráulico energético de um curso de água, fazendo o número de aproveitamentos construídos em cascata, ao longo do curso do rio, tendendo ao infinito é 50% do máximo potencial que, teoricamente, está disponibilizado desde a nascente até a foz do rio. Ou seja;

$$Lim_{Z_b \to \infty} \left(\frac{1+z_b}{2.z_b} \right) = 0,5 \quad \text{Formula (2)}$$

Onde:
Zb é o número de barramentos.

Dessa forma, as regiões onde o potencial hídrico já utilizado para fins de geração de eletricidade está próximo de 50%, só disponibilizam pequenos potenciais hídricos, viabilizam empreendimentos de médio e pequeno portes, como é o caso de PCHs.

Em função desse quadro, dos marcos existentes no país e da expectativa de crescimento econômico para o país, o mercado de PCH encontra-se consolidado.

A Tabela 4.2 mostra a atual situação das PCHs no Brasil, frente às outras fontes geração.

a)

Empreendimentos em Operação		
Tipo	Quantidade	Potência Outorgada (kW)
CGH	293	166.547
PCH	343	2.812.609
UHE	159	74.700.627
Total	795	77.679.783
Hidrelétricos + outras fontes de energia	2076	106.519.208

b)

Empreendimentos em Construção		
Tipo	Quantidade	Potência Outorgada (kW)
CGH	1	848
PCH	71	1.063.248
UHE	23	7.783.600
Total	95	1.874.696
Hidrelétricos + outras fontes de energia	143	12.971.819

Tabela 4.2. Situação atual das PCHs:
a) Empreendimentos em operação
b) Empreendimentos em construção. Fonte: ANEEL (2009)

Entretanto, apesar de as PCHs representarem uma importante alternativa de produção de energia renovável, promovendo a ampliação da oferta de energia ao sistema elétrico brasileiro, em particular para as áreas isoladas, em pequenos centros agrícolas e industriais e em comunidades com baixos índices de desenvolvimento humano, as atuais restrições socioeconômicas e ambientais contra projetos hidrelétricos de grande e pequeno porte existentes no país, a energia hídrica continuará sendo, por muitos anos, a principal fonte geradora de energia elétrica do Brasil, o que torna primordial que isso seja feito de forma social e ambientalmente sustentável.

Estimativa da evolução da capacidade instalada de PCHs no Brasil

Com base em cenários amparado na disponibilidade de potencial hídrico já inventariado e registrados na Aneel e estimando os potenciais remanescentes nas diversas bacias hidrográficas do território nacional, Tiago Filho e Barros (2009) sugeriram uma metodologia para estimativa da evolução da capacidade instalada em PCHs no Brasil, em função da evolução do seu Produto Interno Bruto (PIB).

Basicamente, o método consistiu no levantamento dos históricos de evolução do PIB e da potência das PCHs referentes às usinas construídas e registradas em um determinado período (2004-2008) na ANEEL (ANEEL, 2005, 2007, 2008a e 2008b). Com esses dados, fez-se uma correlação da evolução desses dois parâmetros no mesmo período tomado como histórico. Com alguns dados sobre a expectativa de crescimento do PIB, disponibilizados na mídia, levantou-se o crescimento esperado para PIB para os próximos anos. Com a correlação anterior, expandiu-se a lei de crescimento para o potencial de construção de PCHs para os próximos 16 anos, que resultou na equação (3).

$$POT = 1,326.PIB - 1E + 06 \quad \text{Fomula (3)}$$

$$R^2 = 0,9761$$

Com base nessa expectativa de taxa de crescimento da potência instalada para as PCHs, extrapolou-se a respectiva curva, de forma a se determinar o tempo necessário para cada potencial hidroenergético total disponível no país e, nesse trabalho, considerado como o de saturação, a saber: POT=22.000 MW; POT=18.000 MW; e POT= 12.000 MW. O resultado foi conforme a equação (4).

$$POT = 1320,27 \cdot t + 763,72 \quad \text{Fomula (4)}$$

Potencial Disponível	Tempo de saturação (crescimento linear, eq. 50)
22.000 MW	63,2 anos
18.000 MW	58,7 anos
12.000 MW	39 anos

Tabela 4.3. Resultados para o tempo de saturação correlacionado ao potencial Disponível.
Fonte: Tiago Filho e Barros (2009)

Entretanto, tendo em vista que o crescimento não se dá de forma linear e sim à medida que se vai alcançando o limite de potencial disponível, os bons potenciais vão se escasseando, a curva de crescimento vai se saturando; fez-se para os três cenários de potencial disponível, um estudo de previsão de crescimento do número de construção de PCHs baseado na metodologia da taxa decrescente de crescimento proposta pela taxa decrescente de crescimento, conforme QASIM (1985 apud VON SPERLING, 2005). O resultado é mostrado na Figura 4.4.

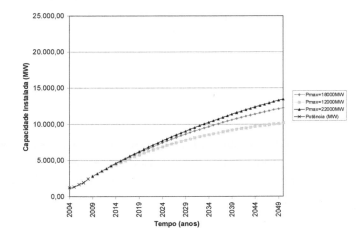

Figura 4.4. Evolução da Capacidade Instalada.
Fonte: Tiago Filho e Barros (2009)

De maneira a corrigir as estimativas de crescimento feitas pela metodologia baseada na expectativa de crescimento do PIB com os resultados obtidos pela metodologia baseada na taxa decrescente de crescimento, verificou-se a diferença entre os resultados obtidos pelas duas metodologias para os mesmos tempos de saturação dos três especificados, ou seja, para os seguintes valores de potenciais hidroenergéticos disponíveis: POT= 22.000 MW; POT = 18.000 MW e POT= 12.000 MW, conforme mostrado na Figura 4.5.

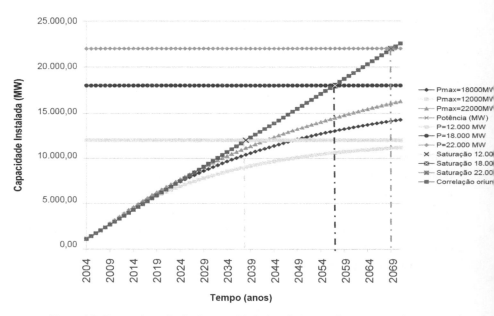

Figura 4.5. Curvas de evolução da capacidade instalada, com base na taxa decrescente de crescimento e correlação oriunda do PIB.
Fonte: Tiago Filho e Barros (2009)

Com os valores das diferenças obtidos, corrigiu-se a curva de crescimento da capacidade instalada de PCH em função do crescimento do PIB, inicialmente levantada, e o resultado é mostrado no gráfico da Figura 4.6 e respectiva Fórmula 4.5.

Capítulo 4 | Panorama sobre a aplicação das pequenas centrais hidrelétricas na matriz energética nacional • 53

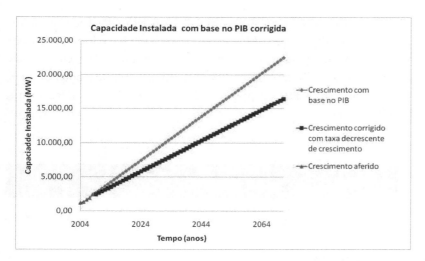

Figura 4.6. Correção das curvas obtidas na taxa decrescente de crescimento e com base na curva fundamentada na evolução do PIB.
Fonte: Tiago Filho e Barros (2009)

$$POT = (320{,}27.t + 763{,}720 - (0{,}2959.P_s - 547{,}5) \quad \text{Formula (5)}$$

Onde:

POT é a potência instalada em PCHs, MW

T é o tempo necessário à instalação da POT, anos e

Ps é o potencial de saturação referente ao cenário considerado

E os resultados para os tempos de saturação do aproveitamento dos potenciais hidráulico disponível, para implantação de PCHs no Brasil e da energia gerada no período, conforme os cenários considerados, são mostrados na Tabela 4.4.

Cenário	Energia Gerada no período	Tempo de saturação
22.000 MW	5,72 E+9 MWh	63 anos
18.000 MW	3,37 E+9 MWh	59 anos
12.000 MW	1,86 E+9 MWh	39 anos

Tabela 4.4. Tempo de saturação do aproveitamento do potencial hidráulico disponível para implantação de PCHs no Brasil e da energia gerada no período. Fonte: Tiago Filho e Barros (2009)

Entretanto, de acordo cm as previsões da Associação dos Pequenos e Médios Produtores de Energia – APMPE (APMPE, 2009), conforme o mercado potencial teórico apresentado na Tabela 4.5, e considerando o custo médio de R$ 5.000,00 (U$ 2,500) por kW instalado, o mercado potencial para investimentos em PCHs, nos próximos 40 anos, seria de, aproximadamente, R$ 140 bilhões.

	Potência (MW)	Quantidade	Prazo 1 (anos)
Com autorização	2.397	234	3
Em análise – ANEEL	10.314	1286	6
Potencial Teórico	15.454	1288	15
Total	28.165	2.808	

Tabela 4.5. Mercado Potencial teórico – Avaliação da Associação Brasileira dos Pequenos e Médios Produtores de energia elétrica – APMPE. Nota: (1) prazo estimado de maturação dos projetos – início da construção Fonte: APMPE (2009).

Domínio Tecnológico

Uma das grandes vantagens quanto à aplicação das PCHs é o domínio tecnológico que o país detém com relação a esse tipo de empreendimento, tanto no que se refere à fabricação dos diversos componentes civis, elétricos e hidromecânicos, como nos sistemas de controle, de supervisão e automação.

Apesar de o país ser referência quanto à tecnologia aplicada às centrais hidrelétricas e, em particular às PCHs, o segmento industrial de produção de equipamentos para PCHs corre risco de sofrer perdas de participação no mercado interno por conta, principalmente, do avanço das importações da China e Índia. Esse avanço acontece em razão dos preços praticados pela indústria asiática, onde os impostos são menores e as condições de produção nem sempre acompanham normas internacionais. Embora tenham sido alertados, os fabricantes brasileiros estão acomodados e, em razão disso, têm perdido oportunidades para exportar para América Latina e alguns países da África, entre outros.

Meio Ambiente

As PCHs causam impactos bem menores que as grandes centrais hidrelétricas. Ao contrário destas, as pequenas centrais, na As PCHs deveriam ser consideradas como empreendimentos com baixo impacto ambiental uma vez que, geralmente são a fio d'água e não requerem a construção de grandes barragens e são normalmente construídas nas cabeceiras dos rios, com pouco impacto à ictiofauna. Entretanto, quando colocadas em trechos de rios planos, a barragem pode trazer impactos à migração de peixes, mas isso pode ser evitado com escadas para peixes. De uma maneira geral, as PCHs apresentam as seguintes características:

Possuem reservatórios com pequenas áreas alagadas, em razão de limitação imposta pela legislação vigente;

Não há deslocamento populacional por ocasião da implantação das PCHs;

Não há deprecionamento (abaixamento do nível da água armazenada durante um intervalo de tempo específico) do reservatório;

Não há regularização de vazões;

Normalmente, não há interferência com a transposição dos peixes, pois o local onde são instaladas é constituído por cachoeiras com desníveis consideráveis, que formam uma barreira natural à piracema.

Por serem centrais de desvio, as PCHs são operadas sob o regime de fio d'água e o seu o maior impacto ambiental presente nesse tipo de central é a diminuição da vazão do curso d'água no trecho seco (trecho entre a barragem e a casa de máquinas). Para minimização dos impactos, a legislação vigente exige que se deixe nesse trecho uma vazão mínima, um valor suficiente para manter a biodiversidade e o uso consultivo no trecho.

Considerando que normalmente as áreas alagadas dos reservatórios das PCHs são pequenas, limitadas de acordo com a expressão dada pela equação (1), e que se constituem em uma forma de geração de eletricidade que utiliza potenciais distribuídos no território nacional, os impactos advindos da implantação das PCH são mitigados, em comparação aos grandes empreendimentos hidrelétricos. Por exemplo, de acordo com CERPCH (2009), no Programa PROINFA, estão sendo construídas em torno de 63 empreendimentos de PCH, que resultam em 1200 MW e uma área alagada de 200 km², que resulta numa relação de densidade de potência na ordem de 6 MW/m2.

Se comparadas às suas congêneres de grande porte, os impactos causados pelas PCHs são bem menores, uma vez que na maioria das vezes, nem chegam a formar reservatórios de água e sua maior interferência ambiental está no desvio de parte do volume do rio. Entretanto, mesmo para elas o licenciamento ambiental não tem sido simples.

Muitas vezes, as PCHs têm sido penalizadas pelos órgãos ambientais que a tratam como se fossem grandes centrais hidrelétricas, com os mesmos impactos, o que não é verdade. As PCHs, assim como a eólica e a biomassa, constituem um importante potencial disponível em nosso país, além de ser uma forma de energia pouco impactante.

Já se tornaram constantes as notícias relativas à justiça e/ou as secretarias de meio ambiente suspenderem a licença prévia que autoriza a construção de hidrelétricas e PCHs, não importando o tamanho e o impacto ambiental, sob diferentes alegações. Há casos em que projetos de PCHs receberem mais de uma centena de condicionantes por ocasião da obtenção das licenças prévias e de instalação, respectivamente, LP e LI.

Os argumentos mais fortes utilizados contra a autorização das licenças são referentes aos valores da vazão reduzida do trecho seco, à necessidade ou não de mecanismos de transposição de peixes, à proximidade de áreas de preservação permanente, de parques e de reservas biológicas.

Um fator complicador é a falta de um padrão nacional de normas e critérios de aprovação. Cada estado adota um valor para a vazão mínima e procedimentos diferentes para a avaliação dos impactos ambientais, independentemente do potencial da central.

Atualmente, um dos grandes desafios das PCHs é referente à Lei da Mata Atlântica – Lei Federal n° 11.428/06 (BRASIL, 2006), que proíbe o corte de espécime endêmicos desse tipo de vegetação e/ou que constituem corredores ecológicos.

Dado o grau de dificuldades atualmente encontrado para o licenciamento ambiental das PCHs, constata-se que, ironicamente, as termelétricas têm muito mais facilidade em obter licenças ambientais. Isso ocorre principalmente porque as térmicas costumam apresentar projetos de eficiência energética, nos quais propõem reduzir as emissões de CO2 e a produzir mais energia com menos combustível. O que constitui, na percepção dos órgãos ambientais, uma proposta positiva à preservação do meio ambiente.

Outra dificuldade em se licenciar as PCHs é a falta de pessoal especializado nos órgãos ambientais, conhecedores, tampouco especialistas, em como se dão os estudos para o dimensionamento das PCHs, para que possam avaliar sob critérios menos subjetivos os seus projetos.

Contribuição Advindas da Implantação das PCHs

De uma maneira geral, os projetos e implantação de PCH têm contribuído das seguintes formas:

Na geração de empregos

Normalmente, as PCHs se localizam em pequenos municípios, o que as torna importantes para estas comunidades locais, aumentando a oferta de empregos formais, assim como a renda.

Na fase de construção, as hidrelétricas impulsionam a economia local, uma vez que a cadeia tecnológica influencia as atividades socioeconômicas das áreas onde os projetos estão localizados. A operação e manutenção da PCH requerem a assessoria de prestadores de serviços da região, atuantes nas mais diversas áreas como: engenheiros, profissionais ligados ao meio ambiente, da área da saúde, área administrativa e área jurídica, bem como de mecânicos, operários, técnicos etc., fomentando o setor terciário de prestação de serviços e, dessa forma, contribuindo para a geração de empregos, arrecadação de impostos e crescimento da economia regional.

A implantação de PCHs está associada à utilização intensiva de mão-de--obra na sua fase de construção, que emprega diretamente em média 300 pessoas, podendo, em certos casos, chegar a mais de 500 e, em sua fase de operação e manutenção, utilizar em média de 6 a 10 pessoas.

Adicionalmente, a educação ambiental é utilizada como medida mitigadora estabelecida pelas compensações ambientais e pode auxiliar na elevação do nível educacional da comunidade local.

O aumento do nível educacional e da oferta de empregos formais contribui diretamente para a melhoria da distribuição da renda e qualidade de vida da comunidade afetada.

Deve ser considerado ainda, que a implantação do projeto das PCHs, seus serviços de operação e manutenção podem contribuir para o aumento da demanda por serviços, gerando outros empregos indiretos que vão também contribuir com a melhoria da renda e da qualidade de vida da comunidade em geral.

Para uma percepção da potencialidade de geração de empregos que a implantação das PCHs pode representar no cenário nacional, a pedido do Ministério de Minas e Energia (MME), fez-se um estudo do impacto que a construção das PCHs previstas no Proinfa iria representar para o país (Tiago Filho et al., 2008). O estudo aplicado apenas a uma central de 20 MW, tomada como reféência, é apresentado na Tabela 4.6, bem como a geração de renda em função da massa salarial para o período de construção e de operação (ver Tabela 4.7).

Área / Etapa	Participação (%)	Direitos Ponderado CERPCH	Indiretos BNDES	Indiretos Ponderado BNDES	Efeito Renda	Efeito Renda Ponderad
Construção Civil	40	298	768	307	4288	1715
Montagem e Equipamentos	42	55	768	323	3584	1505
Meio Ambiente	5	60	576	29	3904	195
Diversos	13	94	576	75	3904	508
Subtotal		507		733		3923

PCH Referência (20 MW)	5164
PROINFA (1100 MW) Direto+Indireto	45115
PROINFA (1100 MW) Direto+Indireto+ER	188979

Nota:

Potência instalada: 20MW

Valor por MW instalado: 3.200 R$mil/MWinst.

Investimento total: R$ 64.000.000

Fator multiplicador: 64

Tabela 4.6. Empregos Diretos, Indiretos e de Efeito-Renda

Fonte: Tiago Filho et al. (2008)

Construção		Operação e Manutenção (O&M)				
10 -2	Ano -1	Ano 1	Ano 2	Ano 3	...	Ano 20
R$	R$	R$ 633.100,00	R$ 633.100,00	R$ 633.100,00	...	R$ 633.100,00
720.800,00	3.387.500,00					
6.108.300,00		R$ 633.100,00 por ano				

Tabela 4.7. Massa Salarial durante Construção e O&M de uma PCH padrão de 20 MW.
Fonte: Tiago Filho et al.(2008)

Caso sejam levados em conta os cenários da evolução da capacidade instalada de PCHs no Brasil (ver item 5) e o número de empregos gerados pela PCH padrão de 20 MW, pode-se estimar a geração de empregos diretos para os próximos 40 e 60 anos em 300 a 500 mil, 440 a 800 mil indiretos e mais 2.350 a 4.310 mil empregos, devido ao efeito renda para os próximos 40 a 60 anos.

Na Distribuição de Renda

A implantação de PCHs resulta no aumento da arrecadação de divisas e, por essa razão, participa do desenvolvimento econômico regional e local, que é beneficiado com a geração de empregos e distribuição de renda e melhoria da qualidade de vida.

Em um primeiro momento, a distribuição de renda se dá simplesmente devido à criação de empregos na construção da central. No entanto, a longo prazo, ocorre uma melhoria na distribuição de renda e na qualidade de vida das famílias que constituem a comunidade local, onde está inserida a PCH.

Isso decorre do fato de que a implantação da PCH resultará na melhoria da qualidade e um aumento na confiabilidade dos sistemas de transmissão e distribuição de energia elétrica local, podendo incentivar a implantação de novos empreendimentos na região que, por sua vez, irão gerar novos empregos, o aumento da renda e a melhoria de qualidade de vida da comunidade afetada.

Dessa forma, a distribuição da renda virá com a criação dos empregos e do incremento na arrecadação do município que, por sua vez, poderá proporcionar aos seus cidadãos investimentos na infraestrutura do município e no atendimento às necessidades básicas da população.

Na Sustentabilidade Regional e Global

Tendo em vista que a matriz energética brasileira é constituída, principalmente, por hidrelétricas e em parte, por centrais térmica cuja participação tem aumentado, como se pode verificar pelos últimos leilões de energia, as PCHs minimizam a dependência do país da geração fóssil, que possuem uma menor sustentabilidade socioambiental, além de ajudar no atendimento do crescimento da demanda energética do país por meio da geração distribuída e de baixo impacto ambiental.

As PCHs permitem a redução da dependência brasileira aos combustíveis fósseis que apresentam menor sustentabilidade socioambiental se comparados às hidrelétricas e a outras fontes de energia, principalmente no sistema isolado da região amazônica, onde o uso intensivo de combustíveis fósseis tem contribuído significativamente com a emissão de gases estufa na atmosfera.

Além de atender o aumento da demanda energética do país por meio de uma geração distribuída disso, as PCHs constituem uma fonte de energia renovável de baixo impacto e com índices desprezíveis de emissão de CO_2, o que contribui para a redução das emissões globais de gases de efeito estufa (GEE).

Como Agente de Integração Regional do Sistema Elétrico

A geração descentralizada de energia, como é caso das PCHs, ajuda a diminuir as perdas de transmissão e contribui para a integração regional do sistema elétrico, diminuindo a vulnerabilidade elétrica e a dependência de fontes de energia com alto grau de vulnerabilidade importados de país com alto grau de instabilidade política e regulatória, como é o caso específico do gás da Bolívia.

Ensino

Assim como as grandes centrais hidrelétricas, no estudo, para projeto e construção de pequenas centrais hidrelétricas fazem-se necessários vários profissionais de diferentes áreas do conhecimento, tais como: engenheiros de diferentes formações, profissionais das áreas humanas e ciências da terra.

Em função dessa multidisciplinaridade, a formação dos profissionais na área de geração hidrelétrica é estabelecida por meio do ensino de conhecimentos específicos de cada área. Desta forma:

Da área das Ciências Exatas:

O engenheiro civil, cuja área de conhecimento é aquela com maior volume de aplicação no projeto e construção da central, está apto a atuar nas áreas de hidrologia, hidráulica, geotecnia, obras hidráulicas. Entretanto, encontra dificuldade e/ou falta de conceitos na definição da vazão e na otimização da potência, especificações dos componentes hidro e eletro-mecânicos e na determinação da energia gerada e análises econômicas.

Já o engenheiro hídrico, profissional ainda recente e pouco conhecido no mercado (o curso foi criado em 1997), por ter uma formação em recursos hídricos bastante reforçada, com bons conhecimentos em geologia e em dimensionamento de obras hidráulicas, por receber ensinamentos nas áreas de prospecção por sensoriamento remoto e estudos hidroenergéticos, mostra-se apto a definir a vazão de projeto e a potência ótima da central

O engenheiro mecânico fica restrito aos componentes hidromecânicos como: comportas, grades, condutos forçados, sistemas de movimentação de carga e de serviços auxiliares

O engenheiro eletricista fica afeto à especificação do gerador, dos componentes elétricos de controle e comando, da subestação e da transmissão da energia elétrica e, por formação, também atua nos estudos e análises energéticas e econômicas da central

O engenheiro de controle, em função da sua especificidade, atua no desenvolvimento e na implantação de processos de controle, regulação, proteção e automação com supervisão local ou remota, tanto no desenvolvimento de programas computacionais, como no de sistema computacional de forma a coletar, analisar e exibir informações e agir de modo adequado e que propicie segurança à unidade geradora. De todos, é o profissional mais específico que atua em centrais hidrelétricas e que tem encontrado grande demanda nos dias atuais em função das novas plantas e da recapacitação e modernização de antigas plantas.

O engenheiro ambiental, tal como o civil e o hídrico, é o tipo de profissional bastante utilizado nos estudos de implantação de PCH, tendo em vista a necessidade de se desenvolver os Estudos de Impactos Ambientais, bem como a sua ação junto aos órgãos de licenciamento na obtenção das licenças provisórias, de instalação e de operação. Praticamente, ele atua em todas as fases de licenciamento do empreendimento. Daí ser de fundamental importância que esse profissional tenha pleno conhecimento do que vêm a ser as pequenas centrais hidrelétricas. O que não acontece na formação de muitos destes profissionais, que só vêm a ter algum conhecimento deste tipo de empreendimento quanto inicia carreira profissional.

Da área de Ciências Humanas:

O profissional de Sociologia faz-se necessário por ocasião dos estudos de impactos ambientais, nos quais é necessário levantar o perfil socioeconômico das comunidades que compõem a bacia hidrográfica do rio que é o objeto do estudo de inventário ou do entorno do reservatório e da obras civis que constituem as instalações de uma determinada planta de PCH. Esse profissional deve trabalhar em íntima relação como o engenheiro ambiental.

Já para os estudos econômicos de viabilidade e de atratividade do empreendimento e de análise do mercado em que este tipo de empreendimento se insere, lança-se mão de profissionais de Economia ou da área de Ciências Exatas, em particular, das Engenharias Civil, Hídrica e Elétrica, que são mais familiarizados com este tipo de análises.

Os profissionais de Direito são necessários para interpretar as diversas leis, resoluções e diretrizes que constituem o arcabouço legal da geração de eletricidade no nosso país. Trata-se de um importante profissional por ocasião da obtenção das licenças ambientais e registros junto aos órgãos reguladores, dadas a complexidade e a volatilidade do sistema jurídico brasileiro.

Área de Ciências da Terra

Os estudos Geológicos são fundamentais para as obras civis, visto que são eles que irão garantir a estabilidade da construção, das barragens, do sistema adutor e da casa de máquinas, bem como podem indicam restrições do solo quanto à formação do reservatório e a existência dos materiais adequados à construção das obras da barragem e dos outros componentes.

Como complemento aos estudos de impactos ambientais, a critério do agente ambiental, são necessários exaustivos estudos quanto aos impactos na flora e fauna terrestres e aquáticas e, em particular, da ictiofauna, e em estudos de qualidade da água, sendo necessário o profissional da era de Biologia com conhecimentos específicos neste tema.

A cada dia, em função da importância dos estudos de impactos ambientais o mercado tem exigido a atuação do profissional formado em Arqueologia, principalmente em se tratando em regiões que tenham importância histórica e cultural. A dificuldade é que este tipo de profissional é bastante raro no mercado e dificilmente detém conhecimentos sobre a geração hidrelétrica.

Em função do exposto, verifica-se a dificuldade em disponibilizar no ensino de graduação todos os conhecimentos relativos aos estudos, construção e operação da central hidrelétrica. O que resulta em conhecimentos parciais nas áreas específicas de cada profissão.

Curso de Especialização em PCH

Uma forma de minimizar a falta de conhecimento dos profissionais, principalmente nas áreas não afetas à respectiva profissão, o Centro Nacional de Referências em Pequenas Centrais Hidrelétricas (CERPCH) propôs e logrou a aprovação do Curso de Especialização em Pequenas Centrais Hidrelétricas –(CEPCH), na Universidade Federal de Itajubá (UNIFEI). O curso já formou uma turma de 22 profissionais, de diferentes formações - em razão da sua multidisciplinaridade intrínseca (ver Tabela 4.8) -, como: engenharia, economia, direito, administração e comunicação social. O curso possui 450 horas de duração, divididas em 10 módulos de 45 horas cada um e conta com uma forte formação em atividades práticas de campo e de laboratórios, além de extensa carga horária, de forma a desenvolver os diferentes assuntos que compõem os estudos de mercado e regulação; os de viabilidades técnica e econômica; os de hidrológicos e de energia; os de dimensionamento e especificação dos componentes civis, mecânicos, elétrico, de controle e de automação e os estudos ambientais; geológicos, além das questões fundamentais para a viabilização de um empreendimento tão complexo como é o caso das PCHs.

Formação	Área do Conhecimento dos Profissionais							Humanas			Ciên. Terra			Tema
	Engenharias													
	Civil	Hídrica	Mecânica	Elétrica	Controle	Ambiental		Sociologia	Economia	Direito	Biologia	Arqueologia	Geologia	
1	x	x												Topografia
2	x	x											x	Cartografia
3		x				x							x	Prospecção por SIG
4	x	x				x								Hidrometria e Hidrologia
5		x		x										Estudos Hidroenergéticos
6													x	Estudos Geológicos
7	x													Análises Geotécnica
8	x													Obras Hidráulicas
9	x													Barragens de Concreto
10													x	Barragens e Obras ⋅ Terra
11	x	x												Tomadas d Água
12	x	x												Hidráulica de Cana⋅
13	x		x											Condutos Forçados
14			x											Componentes Hidromecânicos
15			x											Comportas, frades, válvulas
16			x											Turbinas Hidráulic⋅
17			x											Equip. Transp. de Carga (ponte rolan⋅
18			x	x										Sistemas auxiliares

| Formação | Área do Conhecimento dos Profissionais | | | | | | | | | | | | | Tema |
| | Engenharias | | | | | | | Humanas | | | Ciên. Terra | | | |
	Civil	Hídrica	Mecânica	Elétrica	Controle	Ambiental		Sociologia	Economia	Direito	Biologia	Arqueologia	Geologia	
9				x										Componentes Elétricos:
0				x										Geradores,
1				x	x									Reguladores e Velocidade
2				x	x									Controle e supervisão
3					x									Automação
4				x										Subestação e Transmissão
5	x	x		x					x					Análise Econômica
6									x					Mercado
7						x								Estudos Impac. Ambientais
8											x			Flora/Fauna Terrestre
9											x			Flora e Fauna Aquática
0											x			Ictiofauna
1												x		Arqueologia
2								x						Estudos Socioeconômicos
3	x	x		x		x				x				Aspectos Regulatórios

Conclusão

As centrais hidrelétricas apresentam como grande vantagem o fato de utilizarem uma fonte renovável de energia, como é caso da hídrica, que nada mais é do que uso indireto da radiação solar.

Em regiões cujas bacias hidrográficas já tenham sido extremamente exploradas, como são os casos das regiões Sul, Sudeste e Nordeste, a implantação de grandes centrais tem-se apresentado bastante limitada, restando para essasregiões centrais de menor porte, como é caso das PCHs. Daí a pujança dessemercado na atualidade e as boas perspectivas que se apresentam.

Apesar de resultarem em impactos ambientais importantes, mais em função do alagamento e da vazão residual do trecho seco, as PCHs tendem a mitigá-los, visto que, para se enquadrarem na legislação, elas necessariamente devem consistir de pequenos lagos, com baixos impactos ambientais, sem deslocamento de comunidades e baixas emissões de gases de efeito estufa.

O mercado tem sinalizado um forte e constante crescimento na demanda energética, tanto a curto como a longo prazo, dada a fase de acentuadocrescimento que o país vive.

Mesmo face à crescente conscientização quanto à poluição térmica e química; da dependência de suprimento oriundo de regiões com instabilidades políticas e institucionais, há um forte crescimento dos combustíveis fósseis na matriz elétrica nacional.

A reprodução do modelo anterior à desregulamentação do setor, ocorrida no final de século passado e início deste século, mostra-se inviável. Entretanto, a falta de grandes reservatórios de regularização preconizada pelo novo modelo e imposto por conceitos eminentemente ambientaistem colocado o sistema de geração brasileiro na obrigação de promover o crescimento das centrais térmicas a gás para que a matriz elétrica nacional apresente uma segurança compatível com o sistema.

Observa-se a existência de um esforço mundial, capitaneado pelos países desenvolvidos, para desenvolvimento de um mercado com fontes renováveis de energia,taiscomo a solar e a eólica. Em particular, no Brasil, vê-se um esforço bastante grande para viabilizar, além destas, as fontes de biomassa e as pequenas centrais hidrelétricas.

Trata-se de um grande esforço que, pouco a pouco, começa a apresentar resultados.

São novas fontes que vêm paulatinamente conquistando seus espaços no mercado nacional e começam a se mostrar competitivas com os combustíveis fósseis, quer pela razão do esgotamento das reservas e do aumento dos custos, quer pelos problemas ambientais apresentados e pela diminuição da dependência estrangeira; que têm promovido o desenvolvimento tecnológico, fator de aumento da atratividade das de fontes alternativas de energia face aos combustíveis fósseis.

Oresultado final de todo esseesforço é a busca da sustentabilidade do desenvolvimento humano, o que, necessariamente, se dará pela educação, transmissão e desenvolvimento de conhecimentos nessasnovas formas de energia.

Diante dessecenário, é importante salientar que a implantação de PCHs é uma tecnologia da qual o país detém todo o conhecimento, é atividade alinhadacom os objetivos de desenvolvimento energético do país, contribui para o desenvolvimento sustentável e está alinhadacom o desenvolvimento energético sustentável local e global já que contribui com o esforço global de redução da emissão de gases efeito estufa.

Referências

AGÊNCIA NACIONAL DE ENERGIA ELÉTRICA – ANEEL. *Sistema de Informações Georreferenciadas do Setor Elétrico*. Brasília: ANEEL, 2009. Disponível em: http://sigel.aneel.gov.br/brasil/viewer.htm. Acesso em: 30 set. 2009.

___. *Atlas de energia elétrica do Brasil*. 3. ed. Brasília : Aneel, 2008a. 236 p. ISBN: 978-85-87491-10-7. Disponível em:<http://www.aneel.gov.br/visualizar_texto.cfm?idtxt=1689>. Acesso em 28 de abr. de 2009.

___. *Relatório ANEEL 2007*. Brasília : ANEEL, 2008b. Disponível em: <http://www.aneel.gov.br/arquivos/PDF/Relatorio_Aneel_2007.pdf>. Acesso em 28 de abr. de 2009.

___. *Relatório ANEEL 2006*. Brasília : ANEEL, 2007. Disponível em: <http://www.aneel.gov.br/biblioteca/downloads/livros/Relatorio_Aneel_2006.pdf>. Acesso em 28 de abr. de 2009.

___. *Relatório ANEEL 2005*. Brasília : ANEEL, 2006. Disponível em: <<http://www.aneel.gov.br/biblioteca/EdicaoLivros2006relatorioaneel.cfm>. Acesso em 28 de abr. de 2009.

____. *Relatório ANEEL 2004*. Brasília: ANEEL, 2005. Disponível em: <http://www.aneel.gov.br/biblioteca/downloads/livros/relatorio_2004. pdf>>. Acesso em 28 de abr. de 2009.

COHEN, D. Perspectiva: como será o Brasil em 2020. *Revista Época*, ed. 575. 25 de mai. de 2009. pp. 50-144.

EMPRESA DE PESQUISA ENERGÉTICA – EPE. *Balanço Energético Nacional (BEM)*: Séries completas. EPE, 2009. Disponível em: <https://ben. epe.gov.br/BENSeriesCompletas.aspx>. Acesso em 30 set. 2009.

INSTITUTO BRASILEIRO DE GEOGRAFIA E ESTATÍSTICA – IBGE. PIB. Disponível em: http://www.sidra.ibge.gov.br /bda/tabela/ prota-bl.asp? c= 1846 &z =t&o=14&i=P, Acesso em 26 de mai. de 2008.

OPERADOR NACIONAL DO SISTEMA ELÉTRICO – ONS. Mapas do SIN: Integração Eletroenergética. ONS, 2009a Disponível em: http:// www.ons.org.br/conheca_sistema/pop/pop_integracao_eletroenergetica. aspx. Acesso em 30 set. 2009.

____. *Histórico da Operação*: Geração de Energia. ONS, 2009b. Disponível em: <http://www.ons.org.br/historico/geracao_energia.aspx>. Acesso em 30 set. 2009.

DAHER, M. A operação do Sistema Elétrico Nacional – SIN. In: CURSO DE ESPECIALIZAÇÃO EM PCH, 2., 2009, Itajubá. Unifei- Fupai, Itaju-bá, 2009. ApresentaçõesMicrosoft® Office Power Point® 2003.

SOUZA, Z.; TIAGO FILHO, G. L. *O Limite Energético Aproveitável de um Potencial Hidroenergético de um Curso d`Água*. In: Simpósio Brasileiro de Pequenas e Médias Centrais Hidrelétricas, 6., 2008, Belo Horizonte. Anais eletrônicos... Belo Horizonte: Comitê Brasileiro de Barragens / Centro Nacional de Referência em Pequenas Centrais Hidrelétricas, 2008.

TIAGO FILHO, G. L.; BARROS, R. M. *Tendências para o crescimento de potência instalada de Pequenas Centrais Hidrelétricas (PCHs) no Brasil, com base em seu Produto Interno Bruto (PIB)*. A ser editado pela Editora do CERPCH, 2009.

TIAGO Filho, G. L. Rocha, R. M. BRAGA DA SILVA, F. G. *Estimativa da evolução da capacidade instalada de PCHs no Brasil, em função da evolução do Produto Interno Bruto (PIB)* – publicação interna, CERPCH, 2009.

TIAGO FILHO, G. L.; GALHARDO, C. R.; DUARTE, Elaine R. B. C.; ANTILOGA, J. G. A.. (1) Impactos Sócio-Econômicos das Pequenas Centrais Hidrelétricas Inseridas no Programa de Incentivo às Fontes Alternativas de Energia – PROINFA. *Revista Brasileira de Energia*, v. 14, p. 145-166, 2008.)

TIAGO FILHO, G. L. Micro-hidroeletricidade: Geração Distribuída. In: CONGRESSO INTERNACIONAL DE BIO-ENERGIA, 4., 2009, Curitiba. Curitiba: REMADE, 2009. Disponível em: <http://www.eventobioenergia.com.br/congresso/br/palestras.php>. Acesso em 30 set. 2009.

VON SPERLING, M. (2005). *Introdução à qualidade das águas e ao tratamento de esgotos*. Belo Horizonte: DESA/UFMG, 3. ed. revisada, Volume 1, 452p.

CENTRO NACIONAL DE REFERÊNCIA EM PEQUENAS CENTRAIS HIDRELÉTRICAS – CERPCH (2009). Disponível em http://www.cerpch.unifei.edu.br. Acesso em 30 set. 2009.

ASSOCIAÇÃO DOS PEQUENOS E MÉDIOS PRODUTORES DE ENERGIA – APMPE (2009). Disponível em http://www.apmpe.org.br. Acesso em 30 set. 2009.

João Tavares Pinho[1]

CAPÍTULO 5
BREVE PANORAMA DA ENERGIA EÓLICA

Introdução

Os ventos são resultantes do movimento do ar na atmosfera terrestre e, assim como as demais fontes renovável is de energia, são originalmente resultantes da radiação solar que atinge a atmosfera. O aquecimento provocado pela radiação solar incidente na Terra, somado ao seu movimento de rotação, origina os movimentos do ar que formam os ventos.

A energia do vento, mais apropriadamente chamada de energia eólica, foi uma das primeiras formas de aproveitamento tecnológico de uma fonte primária de energia de que o ser humano fez uso. Aplicações em moagem de grãos e navegação são conhecidas desde a antiguidade, muitos anos antes da era cristã. A navegação à vela no final do século XV proporcionou as grandes

---

[1]Bolsista de Produtividade em Desenvolvimento Tecnológico e Extensão Inovadora, nível 1D, do CNPq. Possui graduação em Engenharia Elétrica pela Universidade Federal do Pará (1977), mestrado em Engenharia Elétrica pela Pontifícia Universidade Católica do Rio de Janeiro (1984) e doutorado em Engenharia Elétrica – Rheinisch-Westfalischen Technischen Hochschule/Aachen (1990). Atualmente, é professor titular da Universidade Federal do Pará, Coordenador do Grupo de Estudos e Desenvolvimento de Alternativas Energéticas e do Instituto Nacional de Ciência e Tecnologia de Energias Renováveis e Eficiência Energética da Amazônia. É membro do Comitê de Energia do Programa CYTED e consultor ad hoc e membro de outros comitês assessores de várias instituições de fomento no Brasil e no exterior. Tem experiência na área de Engenharia Elétrica, com ênfase em Energias Renováveis e Aplicações de Eletromagnetismo, atuando principalmente nos seguintes temas: Energia Eólica, Energia Solar, Energias Renováveis, Sistemas Híbridos e Eletrificação Rural.

descobertas marítimas, dentre as quais, a do Brasil. Aplicações em bombeamento de água permitiram aos Países Baixos obter boa parte de seu território do mar. Dessas aplicações, a navegação e o bombeamento de água ainda continuam sendo bastante utilizados em todo o mundo.

A utilização da energia eólica para geração de eletricidade teve seu começo praticamente junto com o aparecimento dos primeiros geradores elétricos e foi empregada principalmente em geração de pequeno porte em países como, por exemplo, os Estados Unidos da América, ainda no século XIX.

A aplicação comercial da energia eólica para geração de eletricidade começou a aparecer no início dos anos 1980, com aerogeradores de 50 a 100 kW, que, à época, eram consideradas máquinas de grande porte. Dessa época em diante, seja devido aos choques do preço do petróleo ou, desde os anos 1990, devido à crescente preocupação ambiental, o uso da energia eólica na geração de energia elétrica não mais parou de se desenvolver, obtendo atualmente em algumas regiões do mundo um grau de penetração cada vez mais significativo na matriz energética de eletricidade.

Das máquinas de 50 kW, com diâmetros de rotores de até 15 metros, desenvolveram-se máquinas com capacidades cada vez maiores, chegando-se hoje a aerogeradores disponíveis comercialmente com potências nominais de até 6 MW, com rotores de mais de 120 metros de diâmetro, estando previstas máquinas de capacidades ainda maiores para os próximos anos. A Figura 5.1 ilustra a evolução nas capacidades de geração e nos tamanhos dos aerogeradores.

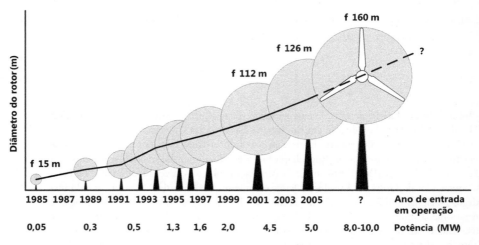

Figura 5.1. Evolução na potência e no tamanho de aerogeradores comerciais (PINHO, 2008).

Geração de Eletricidade a partir da Fonte Eólica

Além de ser uma fonte naturalmente renovável e de baixos impactos ambientais, a energia eólica pode ser utilizada para geração de eletricidade tanto em sistemas isolados da rede elétrica, quanto em sistemas a ela conectados, em centrais dos mais variados portes. Assim, pode-se ter um sistema isolado para atender um único consumidor residencial ou uma vila com algumas dezenas ou centenas de consumidores, como mostrado na Figura 5.2. Também pode-se ter grandes centrais, de centenas de MW, bem como centrais menores, de alguns MW, interligadas à rede elétrica, contribuindo para um sistema de geração distribuída (ver Figura 5.3). Os aerogeradores de pequeno porte, de algumas centenas de watts até poucas dezenas de kW, que até há pouco tempo eram utilizados basicamente em aplicações isoladas, atualmente já começam a ser utilizados em muitas partes do mundo na pequena geração distribuída, inclusive com integração em edificações. A 5.4 ilustra esse tipo de aplicação.

Figura 5.2. Aerogeradores instalados em comunidade isolada (PINHO, 2008).

Figura 5.3. Central eólica de grande porte [Foto: J. T. Pinho].

A versatilidade e a modularidade estão entre as principais vantagens dos sistemas eólicos. Versatilidade, por serem utilizados em inúmeras aplicações, de sistemas isolados para atendimento de carga específica (iluminação, bombeamento de água etc.), a sistemas interligados à rede com o objetivo de compor sistemas de geração distribuída. Modularidade pelo fato de o sistema de geração poder ser rapidamente acrescido para se adequar a situações como aumento de carga, possibilidade de aumento de receita, no caso de sistemas interligados, entre outras. Essas modificações podem prever a entrada em operação de outros aerogeradores, ou ainda a inserção de outras fontes, formando um sistema híbrido de geração de energia.

Figura 5.4. Aerogerador de eixo vertical de pequeno porte integrado à edificação(HOLDSWORTH, 2009).

Atualmente, a principal utilização da energia eólica tem sido em centrais de médio e grande porte interligadas à rede elétrica, havendo já em nível mundial uma capacidade nominal instalada superior a 120 GW, produzindo mais de 1,5% do consumo global de eletricidade. Essa capacidade instalada corresponde a 10 vezes a capacidade da usina de Itaipu, embora essa comparação deva ser entendida apenas em caráter ilustrativo, uma vez que os fatores de capacidade das centrais eólicas são significativamente menores do que os das hidroelétricas. A Figura 5.5 mostra a evolução da capacidade eólica instalada na Europa e no restante do mundo e a Tabela 5.1 apresenta a adição de potência e a capacidade instalada no ano de 2008, com destaques para os Estados Unidos da América, que acrescentaram aproximadamente 1/3 de sua capacidade instalada em 2007, e a China, que mais que dobrou sua capacidade instalada.

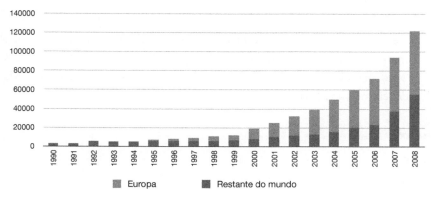

Figura 5.5. Evolução da potência eólica instalada no mundo(EPE, 2009). Fonte: GWEC, 2009.

País	Potência (MW) Incremento	Potência (MW) Instalada
Estados Unidos	8.358	25.170
China	6.300	12.210
Índia	1.800	9.645
Alemanha	1.665	23.903
Espanha	1.609	16.754
Itália	1.010	3.736
França	950	3.404
Reino Unido	836	3.241
Portugal	712	2.862
Canadá	523	2.369
Restante do mundo	3.293	17.497

Tabela 5.1. Adição de potência e capacidade instalada no ano de 2008 (EPE, 2009).Fonte: GWEC, 2009.

A necessidade de instalação de sistemas eólicos no mar (*offshore*) surgiu há pouco tempo, devido inicialmente a limitações no uso da terra, seja por ausência de espaço físico, seja pelo compromisso de redução de impactos ambientais. Além disso, no mar há espaço em abundância, velocidades de vento consideravelmente superiores às verificadas em terra e menores níveis de turbulência. Em contrapartida, dificuldades ocasionadas por ondas, fortes correntes marítimas, eventual possibilidade de congelamento, e altos níveis de umidade e salinidade tornam o desenvolvimento técnico de sistemas *offshore* mais complexo, principalmente com relação às estruturas de sustentação (fundações e torre) e à conexão com a rede elétrica. Como os benefícios são muito mais consideráveis, o número de sistemas *offshore* instalados no mundo vem crescendo rapidamente nos últimos anos.

A Figura 5.6 apresenta a evolução da capacidade total instalada em nível mundial e a previsão da *World Wind Energy Association* (WWEA) até o ano de 2020, quando se espera que pelo menos 12% do consumo global de eletricidade seja atendido pela fonte eólica.

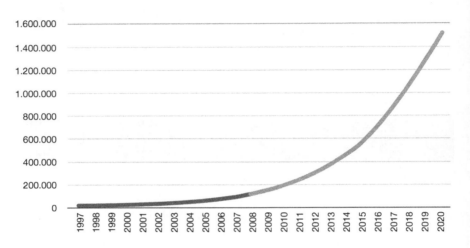

Figura 5.6. Previsão da expansão da energia eólica no mundo(WWEA, 2009).

No Brasil, pode-se dizer que a energia eólica para geração de eletricidade começou a despontar de forma apreciável somente a partir de 2004, com o Programa de Incentivo às Fontes Alternativas de Energia (PROINFA), que previa inicialmente a instalação de 1.100 MW de geração eólica, dentre outras fontes, e foi o primeiro passo para agregar a fonte eólica ao Sistema Interligado Nacional (SIN). Hoje, o país conta com aproximadamente 548 MW de capacidade instalada, dos quais o PROINFA foi responsável por cerca de 492 MW.

Com o incentivo do PROINFA, começou a desenvolver-se uma indústria nacional de aerogeradores com capacidade anual de produção de cerca de 750 MW, e com índice de nacionalização da ordem de 70%.

Atualmente, existem três empresas no Brasil produzindo aerogeradores e/ou seus componentes: a Wobben, que produz componentes e aerogeradores de 800 kW, 900 kW e 2.300 kW; a Impsa Energy, que instalou sua fábrica para produção de aerogeradores de 1.500 kW no porto do Suape (PE), em 2008; e a Tecsis, empresa de capital nacional instalada em Sorocaba, que é uma das maiores fabricantes mundiais de pás para turbinas eólicas, exportadas principalmente para a Europa e para os Estados Unidos.

Paralelamente, desenvolveu-se também a capacitação técnica de empresas de consultoria em prospecção, estimativa de produção, projeto e certificação, que tem realizado, com técnicos brasileiros, o levantamento do potencial eólico de diversos estados da federação (EPE, 2009).

Aspectos Econômicos da Produção de Eletricidade com Sistemas Eólicos

Os sistemas eólicos atualmente já são competitivos com outras fontes convencionais em vários países do mundo.

A médio e longo prazos, os investimentos em energia eólica deverão ser fortalecidos, devido à sua característica de baixo risco e seus benefícios econômicos e sociais. A energia eólica não exige despesas com combustível e os custos de operação e manutenção são geralmente bem previsíveis e de pequena monta em relação ao investimento inicial.

Uma característica importante da energia eólica é que ela substitui despesas com combustíveis fósseis ou nucleares por capacidade de trabalho humano. Ela cria muito mais empregos do que outras formas de geração centralizadas com fontes não renováveis. O setor eólico tornou-se um gerador global de empregos, tendo já criado aproximadamente 440.000 deles em nível mundial, e movimentou em 2008 cerca de 40 bilhões de euros, tendo contribuído com a geração de cerca de 260 TWh de energia elétrica. A Figura 5.7 mostra a evolução da geração de empregos no setor eólico (WWEA, 2009).

Figura 5.7. Evolução da geração de empregos na indústria eólica a nível mundial(WWEA, 2009).

No Brasil, a energia eólica ainda tem dificuldade em competir com as fontes convencionais, principalmente a hidráulica, sendo o custo da energia eólica ainda significativamente maior que o das outras fontes disponíveis, apesar da redução significativa dos custos de investimento da geração eólica em decorrência dos ganhos de escala da capacidade e da produção dos equipamentos em nível internacional. Além disso, há ainda a dificuldade de interligação à rede, uma vez que os locais que apresentam bom potencial eólico encontram-se em regiões costeiras, onde as redes elétricas em geral são de baixa capacidade, o que implica na necessidade de investimentos em redes para a transmissão da eletricidade gerada nas centrais eólicas até as subestações mais próximas com capacidade adequada.

Entretanto, uma grande vantagem para o Brasil é a complementaridade sazonal existente entre a fonte eólica e a hídrica, como pode ser observado na Figura 5.8

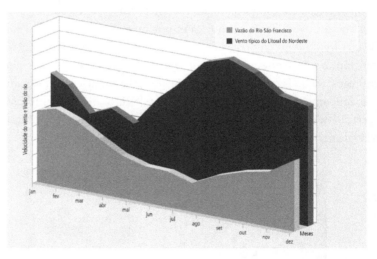

Figura 5.8. Complementaridade sazonal entre a energia eólica e a hídrica (CBEE, 2000).

Impactos de Sistemas Eólicos

Apesar das diversas vantagens apresentadas por sistemas eólicos para geração de energia, alguns impactos são causados e devem ser analisados para que não haja qualquer tipo de comprometimento do próprio sistema de geração, de outros sistemas, ou do meio ambiente.

Com respeito a questões ambientais, as poucas discussões ainda levantadas sobre a utilização de aerogeradores são relacionadas a impactos visuais e sonoros, a desvios da rota migratória e à morte de pássaros. Todavia, tais problemas podem ser considerados mínimos, ou mesmo desprezíveis, principalmente se comparados aos benefícios advindos da utilização de uma fonte renovável, inesgotável e não poluente, em substituição, por exemplo, a combustíveis fósseis, esgotáveis e bastante impactantes ao meio ambiente.

Impactos visuais e sonoros podem ser considerados subjetivos. Centrais eólicas com grande quantidade de aerogeradores podem causar impactos de maior porte, porém não existe um número exato que defina quão intenso é esse impacto ou uma relação bem definida com o porte da central eólica. De qualquer forma, projetistas vêm buscando cada vez mais integrar os aerogeradores ao espaço, mediante estratégias como utilizar as mesmas direções de rotação, tipos de turbinas, torres e alturas de instalação, evitar cercas, ocultar linhas de transmissão, dentre outras.

Ruídos de aerogeradores são produzidos basicamente por fontes aerodinâmicas. Componentes mecânicos do sistema já vêm sendo fabricados de modo a emitir ruídos cada vez menos significativos. Os fatores de maior influência no nível de ruído produzido por uma determinada fonte são o tipo da fonte e sua distância ao observador. Tipicamente, a potência de ruído de um aerogerador de capacidade maior que 1 MW situa-se entre 100 e 106 dB (A), para uma velocidade de vento de 8 m/s. Quando o observador encontra-se a uma distância de 200 a 300 m desse aerogerador, o ruído alcança valores inferiores a 50 dB (A), o que se encontra dentro dos limites de tolerância de alguns países europeus. Como a escala em dB (A) é logarítmica, cada duplicação no número de aerogeradores ocasiona um aumento de 3 dB (A) na potência de ruído. Com relação à distância, o nível do som decresce aproximadamente 6 dB (A) cada vez que a distância entre o observador e a fonte é duplicada. A Figura 5.9 apresenta uma comparação entre o ruído causado por um aerogerador e outras fontes comuns de ruído.

Problemas relacionados a pássaros são mais objetivos, podendo ser mensuráveis. Aerogeradores podem causar mortes de pássaros ou desvios de suas rotas migratórias. Esse último impacto vem sendo evitado com um maior cuidado na escolha dos locais para instalação de centrais eólicas, fora das rotas de migração conhecidas. Com relação a colisões de pássaros com aerogeradores, estudos realizados apontam para riscos muito baixos. Nos Estados Unidos, estima-se que 33.000 pássaros são mortos anualmente devido a colisões com aerogeradores, uma média de 2,2 mortes por aerogerador instalado. Na Espa-

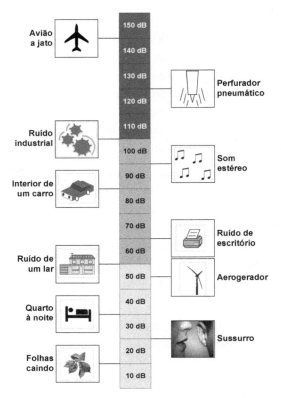

Figura 5.9. Comparação entre o ruído emitido por um aerogerador a 250m de distância e outras fontes (PINHO, 2008).

nha esse número é ainda menor, representando uma média de mortes de 0,13 por aerogerador, por ano. A título comparativo, nos Estados Unidos, mais de 100 milhões de pássaros morrem a cada ano em consequência de colisões com veículos, edificações, linhas de transmissão e outras estruturas. A Figura 5.10 mostra um comparativo entre as diversas causas de mortes de pássaros.

Outro impacto, este não de ordem ambiental, mas técnica, é a interferência causada pelo espalhamento, reflexão ou difração de ondas eletromagnéticas por aerogeradores em sistemas de transmissão/recepção de sinais. Esse fenômeno é conhecido como interferência eletromagnética. A interferência depende de vários parâmetros, tais como a posição do aerogerador com relação ao emissor e ao receptor, tipo e dimensões do aerogerador, características construtivas das pás do rotor, velocidade de rotação da turbina, características da torre, esquema de modulação e frequência do sinal, características da antena receptora e da propagação da onda, dentre outros. Destes, os parâmetros mais importantes são o material de construção das pás e a velocidade de rotação.

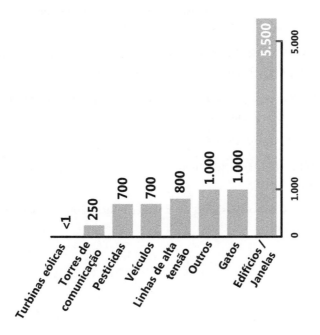

Figura 5.10. Comparação entre diversas causas de mortes de pássaros, para cada 10.000 fatalidades (PINHO, 2008).

Comentários Finais

Dentre as fontes renováveis não convencionais, a energia eólica é a que mais vem se destacando em nível mundial, caracterizando um mercado já bem consolidado, produzindo quantidades significativas de energia elétrica, gerando empregos e movimentando milhões de dólares e euros. No cenário brasileiro, apesar de experimentar ainda uma certa discriminação por parte de alguns atores do sistema elétrico nacional, com mentalidade tipicamente hidráulica e térmica, a energia eólica já começa a despontar como fonte geradora e despertar fortes interesses comerciais. Apesar disso e do enorme potencial disponível para a geração eólica, ainda deverão decorrer vários anos até que a energia eólica tenha participação perceptível na matriz energética nacional de eletricidade.

Referências

PINHO, J. T. et. al. *Sistemas Híbridos*. Soluções Energéticas para a Amazônia, Ministério de Minas e Energia, 2008.

HOLDSWORTH, B. *Options for Micro-Wind Generation:* Part Two. Renewable Energy Focus, May/June: 42-45, 2009.

EPE. Proposta para a Expansão da Geração Eólica no Brasil, *Nota Técnica PRE 01/2009 r0*, 2009.

WWEA. *World Wind Energy Report* 2008, 2009.

MME. Ministério de Minas e Energia, 2009. Disponível em <www.mme.gov.br.>

CBEE. Centro Brasileiro de Energia Eólica, 2000. Disponível em <www.eolica.com.br.>

Elizabeth Pereira[1]

CAPÍTULO 6

PANORAMA DAS APLICAÇÕES DA ENERGIA SOLAR TÉRMICA

Introdução à Energia Solar Térmica

As aplicações termossolares abrangem a conversão da radiação solar em energia térmica, podendo ser classificadas como ativas ou passivas. De um modo geral, as aplicações ativas estão relacionadas ao uso de algum dispositivo de conversão, como coletores solares, enquanto as aplicações passivas tratam dos projetos para aproveitamento das condições climáticas locais, minimizando o consumo de energia requerida para aquecimento, condicionamento de ambientes, iluminação natural e ventilação nas edificações. Essa área é conhecida como Arquitetura Bioclimática.

---

[1]Possui graduação em Física (1974), mestrado em Engenharia Mecânica (1982) e doutorado em Química (1998) pela Universidade Federal de Minas Gerais. Atualmente, é Professor Adjunto do Centro Universitário UNA e coordena os projetos de pesquisa na área de Energia. Coordenou o GREEN SOLAR / PUCMINAS de sua criação em 1997 até setembro de 2009. Tem experiência em Engenharia Térmica, atuando principalmente nos seguintes temas: Energia Solar Térmica: Coletores Solares (Desenvolvimento e Certificação), Modelagem Matemática, Instalações de Aquecimento Solar e Radiação Solar; Uso Eficiente de Energia e Cogeração.

Este texto trata das aplicações ativas da energia solar em baixa e média temperaturas, cujas faixas de abrangência são de 20° C a 80°C e de 80° C a 250° C, respectivamente. Portanto, a geração heliotérmica a partir de concentradores solares com altos níveis de concentração e ciclos térmicos não será discutida.

Energia solar térmica e aplicações típicas

As aplicações da energia solar em baixa temperatura, como, por exemplo, o aquecimento de água para fins sanitários, aquecimento de piscina, processos de secagem e certos processos industriais, podem ser providas pela tecnologia já disponível no mercado nacional e internacional, com coletores planos abertos e fechados e coletores de tubo evacuado. Embora no Brasil essa tecnologia esteja ainda restrita a coletores abertos e fechados que operam com água como fluido de trabalho.

Aplicações à média temperatura se destinam basicamente ao setor produtivo em indústrias de alimentos, química, papel, dentre outras, assim como à refrigeração solar que vem ganhando grande impulso em nível internacional, Mota (2007), embora seja ainda recente no Brasil como negócio.

Em princípio, sua aplicabilidade é bastante adequada, pois a maior oferta de energia ocorre em dias ensolarados de verão, exatamente quando aumenta a carga térmica requerida na climatização de ambientes, por exemplo.

Estudos realizados pela IEA (2005), no âmbito da Tarefa 33/IV e em cooperação com a indústria europeia, definiram quatro tecnologias básicas para coletores de média temperatura:

- coletores planos de dupla cobertura transparente com película anti-refletiva
- coletores cilindro-parabólicos compostos (CPC) estacionários
- coletores de máxima reflexão
- concentradores lineares de Fresnel

Na Tabela 6.1, apresenta-se um resumo consolidado dos tipos de coletores solares e suas respectivas condições de operação.

Tipo de Coletor	Ilustração	Temperatura de Operação	Fluido de Trabalho
Tubo Evacuado		50° C – 190° C	Água
Coletor de Cobertura Dupla e Película Antirrefletiva		80° C – 150° C	Água/Glicol
CPC Estacionário		80° C – 120° C	Água/Glicol
Coletor Reflexão máxima		50° C – 90° C	Água/Glicol

Tipo de Coletor	Ilustração	Temperatura de Operação	Fluido de Trabalho
Coletores Parabólicos		80° C – 300° C	Água
Foco Fixo		100° C – 200° C	Água/Vapor/ Ar/Fluido Térmico
Concentrador Linear Fresnel		100° C – 400° C	Água/Vapor/ Ar/Fluido Térmico

Tabela 6.1. Tipos de coletores e suas condições típicas de operação

O Mercado Brasileiro de Aquecimento Solar

O mercado brasileiro de coletores solares é constituído basicamente de coletores planos fechados (83%) e abertos (17%), ABRAVA (2009). Os coletores abertos destinam-se ao aquecimento de piscinas, com temperaturas máximas de operação da ordem de 32° C. Constata-se, agora, uma pequena penetração dos coletores de tubo evacuado, popularmente conhecido como coletores chineses.

Ainda, segundo a ABRAVA, a evolução do mercado brasileiro tem-se mostrado bastante consistente, Figura 6.1. No ano de 2008, totalizaram-se 4,2 milhões de metros quadrados de área coletora instalada, correspondentes a uma potência (térmica) gerada de 3100 MWth.

A distribuição regional das instalações de aquecimento solar, com ênfase na substituição dos chuveiros elétricos, é mostrada na Figura 6.2.

A pequena participação das regiões Norte e Nordeste se deve às condições climáticas e reduzida necessidade de aquecimento de água no setor residencial. Esse quadro se confirma no uso de chuveiros elétricos, conforme medido na Pesquisa de Posse de Equipamentos e Hábitos de Uso (PROCEL, 2007).

Entretanto, na região Sudeste a mesma pesquisa mostra que o consumo de energia no setor residencial destinado ao aquecimento elétrico de água corresponde a 60% do total nacional, para essa finalidade. Tal nível de demanda explica a grande penetração do aquecimento solar, assim como a forte presença de empresas fabricantes de equipamentos solares na região Sudeste.

O fator de conversão adotado, 1 m2 equivale a 0,7 kWth. É universal e foi definido internacionalmente pela IEA (2004) após consulta internacional.

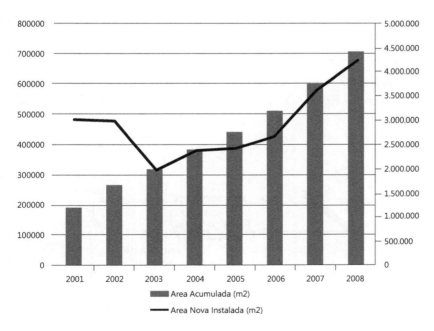

Figura 6.1 – Evolução do mercado brasileiro de aquecimento solar.
Fonte: Abrava (2009)

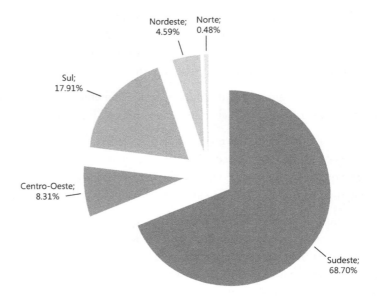

Figura 6.2 – Participação percentual das regiões na área total de coletores solares instalados no Brasil. Fonte: Abrava (2009)

Tecnologias de Aproveitamento da Energia Solar

Aquecimento Solar de Água para Fins Sanitários

Um sistema de aquecimento solar para fins sanitários é mostrado esquematicamente na Figura 6.3, sendo dividido basicamente em três subsistemas, a saber:

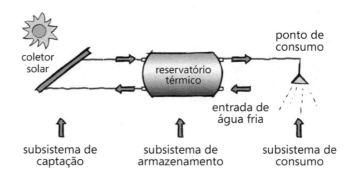

Figura 6.3 - Desenho esquemático de um sistema de aquecimento solar residencial. Adaptado de ADEME [2000]

a. **Captação:** composto pelos coletores solares onde circula o fluido de trabalho a ser aquecido, as tubulações de interligação entre coletores e entre a bateria de coletores e o reservatório térmico e, no caso de instalações maiores, a bomba hidráulica.

b. **Armazenamento:** seu componente principal, o reservatório térmico, recebe normalmente uma fonte complementar de energia, como eletricidade ou gás, que garantirá o aquecimento auxiliar em períodos chuvosos, de baixa insolação ou quando ocorrer um aumento eventual do consumo de água quente. No caso do aquecimento de piscinas, a própria piscina é o subsistema de armazenamento de água quente.

c. **Consumo:** compreende toda a distribuição hidráulica entre o reservatório térmico e os pontos de consumo, inclusive o anel de recirculação, quando necessário. É também conhecido como o circuito secundário da instalação.

Classificação de um Sistema de Aquecimento Solar

A Tabela 6.2 mostra os tipos de classificação de uma instalação de aquecimento solar de água.

No Brasil, mais de 90% dos sistemas de aquecimento solar operam em circulação natural, aplicados nas residências unifamiliares. Nesse caso, a circulação da água nos tubos de distribuição dos coletores é promovida pela redução da densidade da água causada por seu aquecimento, efeito conhecido como termossifão.

Na instalação solar em circulação forçada ou bombeada, a circulação do fluido de trabalho através do circuito primário da instalação é promovida pela ação de uma bomba hidráulica, sendo sua utilização recomendada para instalações de maior porte ou quando os parâmetros exigidos para a instalação em termossifão não possam ser atendidos.

A conexão entre o coletor solar e reservatório térmico é dita convencional quando coletores solares e reservatório térmico são identificados como equipamentos distintos, separados fisicamente entre si. Enquanto nos sistemas compactos (acoplados e integrados) o coletor solar e o reservatório térmico se fundem em um único corpo, operam em circulação natural e com a grande vantagem de reduzir eventuais erros de instalação e de minimizar custos.

Essa solução tem-se mostrado muito atraente para conjuntos habitacionais, onde o volume de água quente a ser armazenado não excede 200 litros por dia e, também, para consumidores individuais em sistemas de auto-instalação.

Em localidades onde a temperatura ambiente pode trazer riscos de congelamento para água estagnada nos coletores ou em processos industriais onde não pode haver a mistura do fluido que circula pelos coletores e aquele efetivamente consumido, podem ser utilizados instalação indireta com trocadores de calor fluido térmico-água, dispositivos ou coletores que apresentam proteção anticongelamento.

	Ilustração	Aplicação	Ilustração / Aplicação
Quanto à Circulação do Fluido de Trabalho	Instalação Solar em Circulação Natural	Residências Unifamiliares	
	Instalação Solar em Circulação Forçada ou Bombeada	Aquecimento Central	
Quanto ao Porte da Instalação	Pequeno Porte até 1500 litros	Circulação Natural	
	Médio Porte 1500 L a 5000 L	Circulação Forçada	
	Grande Porte maior que 5000 L	Circulação Forçada	

	Ilustração	Aplicação	Ilustração / Aplicação
Quanto ao Tipo de Conexão Coletor-Reservatório	Convencional	Residências Unifamiliares e Aquecimento Central	
	Acoplado e Integrado	Atendimento Unifamiliar	

Tabela 6.2. Classificação das Instalações de Aquecimento Solar

Coletores Solares Utilizados em Aquecimento de Água para fins Sanitários

Os coletores solares fechados são utilizados para fins sanitários, atingindo temperaturas da ordem de 70 a 80°C, cujos componentes básicos mostrados na Figura 6.4 são:

Caixa externa: geralmente fabricada em perfil de alumínio, chapa dobrada ou material plástico e que suporta todo o conjunto.

Isolamento térmico: minimiza as perdas de calor para o meio. Fica em contato direto com a caixa externa, revestindo-a. Os materiais isolantes mais utilizados na indústria nacional são lã de vidro, lã de rocha e espuma de poliuretano.

Tubos (flauta / calhas superior e inferior): tubos interconectados através dos quais o fluido escoa no interior do coletor. Normalmente, a tubulação é feita de cobre devido à sua alta condutividade térmica e resistência à corrosão.

Placa absorvedora (aletas): responsável pela absorção e transferência da energia solar para o fluido de trabalho. As aletas metálicas, em alumínio ou cobre, são pintadas de preto fosco ou recebem tratamento especial, visando maximizar a absorção da energia solar e reduzir a emissão de energia na região do infravermelho.

Cobertura transparente: geralmente de vidro, policarbonato ou acrílico que permite a passagem da radiação solar e minimiza as perdas de calor por convecção e radiação para o meio ambiente.

Vedação: importante e garante a estanqueidade do coletor, mantendo-o isento da umidade externa.

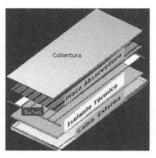

Figura 6.4 – Visão explodida de um coletor solar fechado

Em nível internacional, o uso residencial dos coletores solares teve um impulso fantástico nos últimos anos a partir do mercado chinês, com a instalação de cerca de 10 milhões de metros quadrados de sistemas acoplados com coletores solares de tubo evacuado, conhecidos como duplo tubo de vidro (all glass) e mostrado nas Figuras 6.5 (a) e (b).

Este coletor solar, de custo mais competitivo, consiste de dois tubos de vidro. O tubo mais externo é transparente para minimizar as perdas por reflexão. O tubo interno recebe uma superfície (Al-N/Al) de alta seletividade. No topo, os vidros são fundidos, sendo feito vácuo na região anular entre eles.

(a) Sistema acoplado   (b) Detalhe construtivo do duplo tubo de vidro

Figura 6.5. – Sistema acoplado com coletor de tubo evacuado para uso residencial. Fonte: http://greenterrafirma.com/evacuated_tube_collector.html (2009)

Coletores Solares para Aquecimento de Piscina

O aquecimento de piscinas a temperaturas entre 26 e 30° C é normalmente promovido por coletores solares abertos, mostrados na Figura 6.6. Essa designação é utilizada, pois tais coletores não possuem cobertura transparente nem isolamento térmico. Apresentam ótimo desempenho para baixas temperaturas, o qual decresce significativamente para temperaturas mais elevadas. São fabricados predominantemente em material polimérico como polipropileno e EPDM, resistentes ao cloro e a outros produtos químicos.

Figura 6.6. – Modelos de Coletores Solares Abertos.

Coletores Solares para Aquecimento de Ar

Os coletores solares, que operam com o ar como fluido de trabalho, destinam-se basicamente à secagem de grãos e frutas e ao aquecimento de ambientes, normalmente em apoio ao ganho passivo de temperatura.

No Brasil, praticamente todas as iniciativas para projeto de secadores solares tomam como premissa o desenvolvimento de modelos do tipo "faça você mesmo" e de baixo custo, mostrados na Figura 6.7 (a). Internacionalmente, constata-se o surgimento das primeiras fábricas de coletores a ar para secagem de madeira, produtos agrícolas e condicionamento de ambiente, Figura 6.7(b).

Figura 6.7. – Modelos de Coletores Solares Abertos.

Coletores Solares para Níveis Médios de Temperatura

O mercado brasileiro não tem disponíveis os coletores solares que possam atender os níveis de temperatura requeridos pelos sistemas de refrigeração solar por absorção e aplicações industriais. Portanto, será necessário um esforço nacional para alavancar as pesquisas e a formação de recursos humanos nessa área que inclui o desenvolvimento de novos materiais de propriedades óticas adequadas aos componentes dos sistemas em escala industrial, dentre outros, sendo necessário formar competências nas áreas da simulação, otimização, processos de soldagem e da engenharia concernentes ao uso dessa tecnologia.

Os modelos mais eficientes dos coletores de tubos evacuados utilizam tubos de calor (heat pipe), 6.8 (a), com zonas de evaporação e condensação. A parte (b) mostra esquematicamente os componentes básicos do coletor de tubo evacuado como aleta, tubo de vidro e condensador.

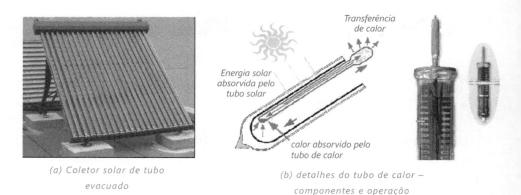

(a) Coletor solar de tubo evacuado

(b) detalhes do tubo de calor – componentes e operação

Figura 6.8 – Exemplos de Coletores Solares de Tubos Evacuados.
Fonte: www.apricus-solar.com

Para detalhes sobre os quatro tipos coletores de média temperatura, mencionados no item 1.1, recomenda-se consultar IEA (2005).

Empresas Produtoras de Equipamentos no Brasil

A indústria de aquecimento solar no Brasil é composta basicamente de micro e pequenas empresas que possuem estruturas bastante simples, conforme o fluxograma da Figura 6.9.

No início das atividades do setor, cada empresa se responsabilizava por todo o processo desde a fabricação dos equipamentos até o atendimento pós-venda. A partir do início dessa década, constatou-se uma maior profissionalização do setor, caracterizada por uma nova reconfiguração de seu relacionamento com fornecedores e clientes.

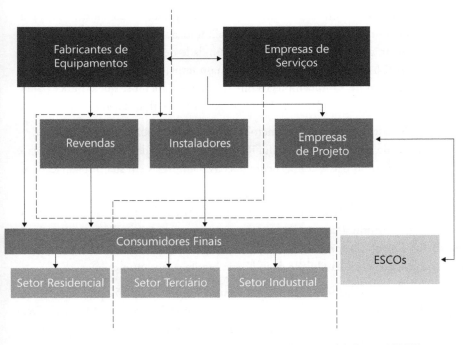

Figura 6.9 – Estrutura da empresa brasileira de aquecimento solar. Fonte: ABRAVA-Departamento Nacional de Aquecimento Solar

A cadeia de valor na produção de equipamentos de aquecimento solar, notadamente nas maiores empresas do setor, foi redefinida a partir de novas práticas organizacionais e a criação de outras funções e de empresas parceiras de serviços. Como exemplo, cita-se a criação de empresas instaladoras e de manutenção independentes, assim como lojas associadas de material hidráulico e de revendas autorizadas. Essas últimas responsáveis, muitas vezes, pela instalação de obras de pequeno porte, pela antecipação de necessidades dos clientes finais e pela minimização de deficiências no atendimento, por exemplo.

Entretanto, avalia-se que a cadeia de valor do segmento solar precisa se aperfeiçoar na relação com o cliente, mobilizando-o para incrementar sua contribuição no processo, criando seus próprios valores.

Os resultados da pesquisa de Avaliação de Obras de Aquecimento Solar (ELETROBRÁS/PROCEL) mostram que os usuários não se envolvem, não dão manutenção no sistema, nem mesmo uma simples limpeza periódica. Os equipamentos ficam literalmente "esquecidos no telhado".

Essa nova estruturação evidencia um dos aspectos sociais positivos da tecnologia solar, decorrentes da descentralização de sua produção e da atuação modular, gerando mais empregos por unidade de energia. Segundo dados do DASOL/ABRAVA, no ano de 2005 foram implantados 276 MWth, gerando pouco mais de 15 mil empregos diretos. Assim, conclui-se que o índice para o setor é de aproximadamente 55 empregos por MWth instalado.

Deve-se destacar que o número de empresas participantes no Programa Brasileiro de Etiquetagem/INMETRO cresce continuadamente. O programa é voluntário no país e contava com apenas 8 empresas em sua implantação, no ano de 1998.

O Programa Brasileiro de Etiquetagem/INMETRO para aquecedores solares permitiu a criação de critérios para comparação de diferentes produtos disponíveis no mercado nacional e internacional, promovendo a evolução da qualidade e confiabilidade da indústria brasileira nos últimos anos.

Em junho de 2009, o programa contava com mais de 350 produtos ensaiados, embora com apenas 121 modelos citados na Tabela do INMETRO. Desse total, 76 produtos foram classificados com a categoria A (Selo PROCEL) de produto mais eficiente.

Outro ponto a se destacar é que, notadamente empresas fixadas em São Paulo, vêm buscando maior aprimoramento tecnológico, com a introdução de processos automatizados, soldas de ultrassom, superfícies seletivas, dentre outros. Entende-se, finalmente, que a qualidade e confiabilidade da tecnologia solar térmica de baixa temperatura são itens fundamentais para o crescimento e ampliação sustentáveis da utilização de aquecedores solares em todo o Brasil.

Referências

Agence de l'Environnement et de la Maîtrise de l'Energie. Disponível em: < www.ademe.fr.>

ABRAVA – Associação Brasileira de Ar-Condicionado, Refrigeração, Ventilação e Aquecimento. Curso de Capacitação de Técnicos da Caixa Econômica Federal, 2009.

ESTIF – European Solar Thermal Technology Platform. Disponível em: <www.fast.mi.it/proecopolinet/workshop/solar_cooking/relazioni/motta.pdf.> Acesso em 15/09/2009.

INTERNATIONAL ENERGY AGENCY. Converting solar thermal collector area. Nota Técnica, 2004.

INTERNATIONAL ENERGY AGENCY – Tarefa 33. Medium Temperature Collectors. Maio, 2005

PEREIRA E. M. D. (ed.) *Manual da Rede de Capacitação em Aquecimento Solar.* FINEP, 2006.

PROCEL INFO. Pesquisa de Posse de Equipamentos e Hábitos de Uso – Ano Base 2005, Classe Residencial. *Relatório Brasil,* 2007.

ENNIO PERES DA SILVA[1]

CAPÍTULO 7

PERSPECTIVAS PARA O USO ENERGÉTICO DO HIDROGÊNIO

Introdução

A partir da Conferência das Nações Unidas para o Meio Ambiente e o Desenvolvimento realizada no Rio de Janeiro em 1992, mais conhecida como ECO 92, tornou-se claro para a Humanidade que mudanças significativas e mesmo radicais seriam necessárias para que as conquistas econômicas e sociais obtidas até então não fossem anuladas pelos impactos ambientais negativos produzidos pelos modelos de desenvolvimento utilizados.

No campo da energia, onde desde a Segunda Guerra Mundial prevalece o domínio absoluto do uso do petróleo e seus derivados, além dos problemas já conhecidos, que cresceram de forma exponencial, como os derramamentos de petróleo nos oceanos e as emissões de poluentes, um novo problema tornou-se progressivamente crucial: o aumento da concentração de Gases de Efeito Estufa (GEE[2]) na atmosfera. Para o enfrentamento desse problema, duas estratégias básicas vêm sendo consideradas, além do uso mais eficiente dos combustíveis fósseis: o Sequestro de Carbono (Carbon Capture and Storage - CCS) e o incremento do uso das fontes renováveis de energia.

---

[1]Possui graduação em Física pela Universidade de São Paulo (1977), mestrado em Física pela Universidade Estadual de Campinas (1981) e doutorado em Engenharia Mecânica pela Faculdade de Engenharia Mecânica pela Universidade Estadual de Campinas (1989). Atualmente, é coordenador do Laboratório de Hidrogênio da UNICAMP (LH2), secretário executivo do Centro Nacional de Referência em Energia do Hidrogênio (CENEH) e professor da Universidade Estadual de Campinas. Tem experiência nas áreas de Física e Engenharia Mecânica, com ênfase em aproveitamento de fontes renováveis de energia, geração distribuída e em sistemas isolados, atuando principalmente nos seguintes temas: hidrogênio, células a combustível, energia, energia elétrica e fontes renováveis.

[2]Os Gases de Efeito Estufa, de acordo com o Protocolo de Quioto, são o dióxido de carbono ($CO2$), o metano ($CH4$), o óxido nitroso ($N2O$), o hexafluoreto de enxofre ($SF6$), os hidrofluorcarbonetos (HFCs), os perfluorcarbonetos (PFCs) e os lorofluorcarbonetos (CFCs).

A tecnologia para o Sequestro de Carbono está relativamente pronta e o problema maior se concentra nos seus custos, que serão inevitavelmente acrescidos aos preços finais dos combustíveis. Entretanto, esse processo aplica-se apenas às fontes fixas (estacionárias) de carbono (CO_2, CH_4 e outros compostos em menores concentrações), como termoelétricas e conjuntos motores-geradores. No caso dos veículos automotores, fontes móveis, essa tecnologia é inviável, pois não se pode de forma prática armazenar no próprio veículo o CO_2 produzido. Assim sendo, o carbono presente nos combustíveis utilizados no setor de transporte deve ser retirado antes de sua introdução nos veículos. Uma vez que os hidrocarbonetos são constituídos basicamente por carbono e hidrogênio, com a retirada do carbono resta o hidrogênio, que pode ser utilizado sem emissões de compostos de carbono, pois de sua combustão será produzida somente água.

Portanto, o uso energético do hidrogênio no setor de transporte tornou-se uma questão essencial para a continuidade do uso dos combustíveis fósseis que, em conjunto com o processo de Sequestro de Carbono, constitui a estratégia dos países e governos que não pretendem abandonar a utilização desses combustíveis. Além disso, fatores adicionais como as possibilidades de produção do hidrogênio por meio das fontes renováveis, bem como de energia nuclear e do próprio carvão mineral, acabaram por unir diversos setores ligados à área de energia em torno dessa alternativa.

Entretanto, as dificuldades tecnológicas para armazenamento do hidrogênio, um gás de baixa densidade, que não se liquefaz por aumento de pressão, como o GLP, que pode fragilizar estruturas metálicas ao penetrar nos espaços intersticiais e nas próprias redes cristalinas, exige que os veículos que venham a utilizar esse combustível tenham uma eficiência muito acima dos veículos convencionais à combustão interna (que é de cerca de 25%), o que resultou na necessidade do desenvolvimento da tecnologia das células a combustível para uso veicular, cuja eficiência de conversão do hidrogênio em eletricidade é da ordem de 50%.

Por tudo isso, o que se vê hoje no mundo todo é a busca do aperfeiçoamento dos processos tradicionais de produção de hidrogênio (reforma de hidrocarbonetos, eletrólise da água, gasificação de carvão e biomassas), procurando-se principalmente a redução dos custos, bem como a busca de novos processos e tecnologias, como o uso de algas e microorganismos (bioprodução de hidrogênio), a termólise da água (quebra térmica da molécula da água em elevada temperatura), o avanço das tecnologias de armazenamento desse gás (cilindros de alta pressão, até 700 bar) e, principalmente, o aperfeiçoamento e a redução dos custos das células a combustível, elemento essencial dessa estratégia.

Apesar de se justificar por sua aplicação no setor de transporte, a geração de energia elétrica mediante o uso do hidrogênio em células a combustível vem sendo considerada em muitas outras aplicações, estacionárias ou móveis, já estando estabelecidos dois importantes nichos de mercado: sistemas de backup para torres de telecomunicações e na tração de empilhadeiras para uso em locais fechados, em ambos os casos substituindo bancos de baterias eletroquímicas. As expectativas atuais indicam que em uma ou duas décadas veículos e sistemas de potência utilizando hidrogênio e células a combustível terão uma significativa participação nos seus respectivos mercados, devendo esse combustível aparecer nas matrizes energéticas de muitos países.

Os Processos de Produção do Hidrogênio

Apesar de se constituir no elemento mais abundante do Universo, o hidrogênio não é encontrado na Terra em quantidades significantes em sua forma molecular (H2), mas em combinação com outros elementos, formando um grande número de substâncias, como a água e toda a matéria orgânica. Consequentemente, sua produção sempre envolve uma dessas substâncias e o uso de energia para separá-lo dos demais elementos.

Como citado, são vários os processos de produção de hidrogênio, abrangendo praticamente todas as fontes de energia, como mostra a Figura 7.1.

Conceitualmente, a eletrólise da água é um processo eletrolítico que utiliza

Figura 7.1. Esquema geral dos principais processos de produção do hidrogênio (SILVA, 2007). A eletrólise da água.

eletrodos inertes e meio condutor ácido ou básico, aquoso, em que os produtos das reações desenvolvidas são apenas o hidrogênio e o oxigênio, ou seja, o balanço das reações químicas resulta unicamente na decomposição da água (SILVA, 1991). Existem vários sistemas nos quais a eletrólise da água pode ser produzida, diferenciando-se entre si, basicamente, pelo tipo de condutor iônico utilizado. De qualquer forma, em todos eles a reação final é a decomposição da água em seus elementos constituintes, hidrogênio e oxigênio.

Industrialmente, o processo mais utilizado emprega uma solução de hidróxido de potássio como meio condutor iônico e pode apresentar dois arranjos dos eletrodos: em série (eletrolisador bipolar ou filtro-prensa) e em paralelo (eletrolisador unipolar ou tipo tanque). A Figura 7.2 mostra um exemplo de cada um desses arranjos.

Conhecido e explorado comercialmente há mais de um século, a eletrólise da água é um processo bastante eficiente do ponto de vista energético, no qual cerca de 80 a 85% da eletricidade empregada encontra-se presente na energia química do hidrogênio produzido. Portanto, é muito difícil obterem-se melhorias significativas nessas eficiências, estando atualmente os esforços de aperfeiçoamento dessa tecnologia na redução dos custos envolvidos, seja em novos materiais estruturais e/ou condutores elétricos no processo eletroquímico, seja na diminuição dos preços dos retificadores de corrente empregados. Essas são áreas de conhecimento das engenharias química (processos), mecânica (novos materiais) e elétrica (eletrônica de potência).

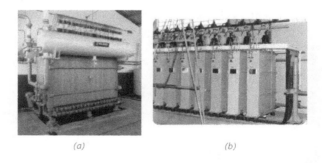

(a) (b)

Figura 7.2. Os dois principais arranjos dos eletrolisadores de água (SILVA, 2006): (a) bipolar, fabricado pela Villares; (b) unipolar, projetado pela UNICAMP e fabricado pela CODETEC.

A Reforma de Hidrocarbonetos

Diversos compostos orgânicos, de origem fóssil ou renovável, além de inúmeros elementos ou compostos inorgânicos, participam de reações em que um dos produtos finais é o hidrogênio. De uma forma geral, quando os reagentes principais são sólidos (carvão ou madeira, por exemplo) e o hidrogênio produzido vem acompanhado de outros gases, essas reações são denominadas gaseificação (SILVA, 1991). Dependendo da natureza específica de cada uma, as reações de gaseificação podem ser subdivididas em diversas modalidades, como, por exemplo os processos de reforma-vapor, quando o outro reagente é a água, na forma de vapor, e de oxidação parcial, quando o outro reagente é o oxigênio. Ainda é possível uma combinação desses dois processos, denominada reforma autotérmica. Para os casos em que os reagentes principais são líquidos ou gases, as denominações das modalidades são as mesmas. Dentre essas diversas reações, destacam-se aquelas que consomem materiais baratos e abundantes na natureza, tornando-se, assim, processos práticos de geração de hidrogênio em larga escala. A Figura 7.3 mostra exemplos de gaseificador e sistema de reforma de pequeno porte.

Figura 7.3 (a). Gaseificador de madeira fabricado pela TERMOQUIP; (b)Sistema dereforma de etanol desenvolvido pela parceria entre a UNICAMP e a empresa HYTRON (SILVA, 2007).

Igualmente conhecidos há mais de um século, os processos de gaseificação e reforma também possuem tecnologias estabelecidas, entretanto menos eficientes que a eletrólise, por se tratar de processos térmicos que, em geral, apresentam maiores irreversibilidades (perdas) que os elétricos. Além da busca por novos e mais baratos materiais, nesse caso inclui-se o desenvolvimento de novos catalisadores, havendo famílias de compostos específicos para cada tipo de substância ou hidrocarboneto empregado no processo. Assim sendo, destacam-se aqui as áreas das engenharias química (processos, reatores e catalisadores) e da engenharia mecânica (materiais para altas temperaturas, condutores e isolantes térmicos).

Outros Processos

Muitos processos de produção de hidrogênio encontram-se em estágio de pesquisa e desenvolvimento, demandando progressos nas áreas de novos materiais, catalisadores, melhorias nas eficiências de processo e mesmo em engenharia de alimentos. Entre esses, podem ser citados como mais promissores:

- Termólise da água (temperaturas acima de 1.500°C)
- Ciclos termoquímicos (Ciclo Fe-Cl; Ciclo H2SO4)
- Bioprodução por bactéria (efluentes industriais e esgoto)
- Bioprodução por algas

Tratamento e Armazenagem do Hidrogênio

Tratamento e purificação

Por ser produzido a partir da separação de outros compostos e elementos, o hidrogênio normalmente contém uma série de impurezas, cuja natureza (tipos de contaminantes) e quantidade dependem do tipo de processo utilizado. Para o uso energético do hidrogênio, há, então, a necessidade de seu tratamento e purificação, cuja intensidade (pureza final do gás) será em função da aplicação desejada. Por exemplo, no caso de combustão, outros gases igualmente combustíveis como metano e monóxido de carbono, em geral, não representam problemas; já no caso do uso em células, a combustível do tipo PEM (Polymer Electrolyte Membrane), a pureza deve ultrapassar 99% e a presença de CO é tolerável apenas em concentrações inferiores a 30 partes por milhão (μmol/mol).

Para o tratamento do hidrogênio, estão disponíveis inúmeros processos, que vão desde a simples secagem do gás (remoção da umidade) até a purificação por meio de membranas metálicas, em que a pureza do hidrogênio obtido pode ser superior a 99,99999%. Comercialmente, o processo mais utilizado é o PSA (Pressure Swing Adsorbtion), que consiste basicamente na adsorção das impurezas em materiais porosos específicos para cada uma (zeólitas são as mais utilizadas), a partir de ciclos de compressão/descompressão, eliminando-se essas impurezas através de purgas do gás residual nas colunas de purificação. Também pode ser empregado o processo TSA (Temperature Swing Absorption), sendo, nesse caso, efetuados ciclos de aquecimento/resfriamento dos leitos porosos.

Do ponto de vista das áreas de conhecimento envolvidas nesses processos, são evidentes as aplicações da engenharia mecânica (termodinâmica de processos de compressão e trocas térmicas), bem como as áreas de novos materiais absorvedores de gases. Já o controle dos ciclos e a otimização dos processos são áreas tradicionais da engenharia química. Outros processos, que envolvem reações químicas específicas, como o uso de misturas de etanolaminas (monoetanolamina, MEA; dietanolamina, DEA e metildietanolamina, MDEA) para a absorção de CO_2, também são áreas comuns à engenharia química.

Armazenamento

Após purificação até o nível desejado, é comum a estocagem do hidrogênio. O armazenamento desse gás pode ser feito de diversas maneiras, no estado gasoso, líquido, como um composto intermediário (amônia, metanol e hidretos metálicos) ou em estados ligados com a matéria, como absorvedores e crioabsovedores (SILVA, 1991). A forma mais convencional é como gás pressurizado, em reservatórios cilíndricos, fabricados de materiais resistentes à conhecida fragilização que o hidrogênio provoca em diversos materiais. Convencionalmente se utiliza aços-carbono específicos e, mais recentemente, recipientes de alumínio revestido com fibras de carbono, suportando pressões entre 300 e 700 bar. Essa tecnologia é a que vem sendo utilizada nos tanques dos veículos a hidrogênio, devido ao seu menor peso (ver Figura 7.4).

Figura 7.4. Tanque de armazenamento de hidrogênio gasoso pressurizado (700 bar) fabricado pela empresa Quantum (USA) (SIROSH).

Aplicações Energéticas do Hidrogênio

Além da tecnologia de compressores envolvida, área clássica da engenharia mecânica, também a busca por novos materiais mais resistentes, leves e baratos é permanente, o que remete à área da engenharia de materiais.

Com relação às outras formas de armazenamento, há um especial interesse pelo hidrogênio líquido, principalmente em países que detêm ou buscam deter a tecnologia de combustíveis líquidos para fins de lançamento de foguetes. Apesar de bastante oneroso energeticamente (elevado consumo de eletricidade, cerca de 30% da energia contida no gás liquefeito) e perigoso para uso em veículos, poderá ser empregado em postos de abastecimento veicular ou em aeroportos, para o suprimento de carros e aviões. No caso dessa tecnologia, estão envolvidas as áreas de conhecimento em criogenia, os processos de transferência de calor e de massa e de isolamentos térmicos, todas tradicionais da engenharia mecânica.

O hidrogênio possui muitas aplicações comerciais, atualmente em sua grande maioria como insumo químico, participando de inúmeros processos industriais, como hidrotratamentos de petróleo (hidrodessulfurização, hidrocraqueamento etc.), produção de amônia para fertilizantes e indústrias químicas, fabricação de margarina, tratamento de metais na indústria metalúrgica, apenas para citar alguns mais importantes (SILVA, 1991). As aplicações energéticas são poucas na atualidade, mas deverão crescer na medida em que condicionantes ambientais impuserem a descarbonização dos combustíveis fósseis. Dentre essas, destaca-se o uso do hidrogênio como combustível veicular, conforme vem sendo desenvolvido de forma intensa nos países mais industrializados há pouco mais de uma década. Como já mencionado, nesse caso o hidrogênio é empregado em células a combustível, que é o elemento tecnológico inovador e sobre o qual tem recaído a maior parte das atenções e do esforço para seu aperfeiçoamento.

As células a combustível são dispositivos eletroquímicos que realizam o processo de eletrólise da água em sentido inverso (eletrólise reversa), uma vez que recebem o hidrogênio e o oxigênio (normalmente do ar) e produzem água, energia elétrica e calor (SILVA, 1991). Apresentam boa eficiência de conversão, em torno de 50%, que é cerca do dobro da obtida em motores de combustão interna dos veículos convencionais. As células a combustível são classificadas conforme seu meio condutor iônico, estando os principais tipos mostrados na Tabela 7.1.

Tipo	Eletrólito	Temperatura (ºC)	Eficiência elétrica (%)
Alcalina (AFC)	KOH 45-85% em peso	60 - 80	35 - 55
Membrana polimérica (PEMFC)	Membrana condutora de prótons	60 - 100	35 - 45
Ácido fosfórico (PAFC)	H_3PO_4 95-97% em peso	160 - 220	40
Carbonato Fundido (MCFC)	Mistura de carbonatos alcalinos fundidos (basicamente Na, K e Li)	600 - 700	> 50
Óxido sólido (SOFC)	Liga estabilizada de ítrio-zircônio (ZrO_2 e Y_2O_3; YSZ)	800 - 1.200	>50

Tabela 7.1. Principais tipos e características das células a combustível (HOOGERS, 2002)

As células alcalinas exigem tanto o hidrogênio como o oxigênio isentos de gás carbônico, devido à sua reação com o KOH, formando carbonatos insolúveis, que deterioram rapidamente seu funcionamento. Por conta disso, essas células são indicadas apenas para aplicações espaciais, em que oxigênio e hidrogênio líquidos estão disponíveis. As células de membrana polimérica são ideais para aplicações veiculares, devido principalmente à sua baixa temperatura de operação, que as disponibiliza para uso em espaço de tempo muito curto. Já as células de altas temperaturas (carbonato fundido e óxido sólido), que necessitam de tempo elevado para se estabilizarem, não são as mais adequadas para esse uso, mas para a geração estacionária de energia elétrica, onde se pode utilizar sua energia térmica em sistemas de cogeração.

Outra característica importante das células a combustível é o fato de serem aparatos essencialmente eletroquímicos e não térmicos, de forma que a escala de geração (potência) não modifica substancialmente sua eficiência, como ocorre nos sistemas térmicos. De fato, o desempenho das células a combustível em pequena ou maior escala é quase o mesmo, dependendo muito mais do consumo de energia dos componentes periféricos do que do conjunto de planas onde se processa a conversão da energia química dos reagentes em eletricidade (stack). Dessa forma, as células são indicadas para as aplicações em Geração Distribuída (GD), podendo ser alocadas em unidades de pequena ou média potência junto aos pontos de demanda, dispensando o uso de redes de transmissão e dando versatilidades aos arranjos de distribuição de eletricidade. A Figura 7.5 mostra um exemplo de aplicação em GD.

Figura 7.5. Célula a combustível de 200 kW elétricos em operação no Instituto de Tecnologia para o Desenvolvimento (LACTEC) em Curitiba/PR (CANTÃO, 2002).

Nas aplicações veiculares, a combinação do uso do hidrogênio em células a combustível permite se dispor de um veículo elétrico sem os problemas dos elétricos puros (baterias, tipo plug-in), em que a autonomia e o tempo para recarga das baterias comprometem enormemente seu uso. Desenvolvidos desde os anos 1960, somente em meados dos anos 1990 é que os grandes fabricantes de veículos intensificaram seus investimentos nesses modelos, o que resultou, no intervalo de poucos anos, em uma tecnologia pronta para ser comercializada. No momento os esforços estão mais concentrados na criação de redes de abastecimento de hidrogênio, sem as quais não será possível a introdução em massa desses veículos no mercado. A Figura 7.6 mostra dois exemplos de veículos com hidrogênio e células a combustível.

Figura 7.6. Modelos de veículos operando com hidrogênio e células a combustível: (a) Clarity, da Honda; (b) Vega II, protótipo desenvolvido no Laboratório de Hidrogênio da UNICAMP (SILVA, 2008).

Os processos eletroquímicos envolvidos na tecnologia das células a combustível fazem com que muitos de seus aspectos sejam objeto de estudo da engenharia química, em especial o balanço de planta, essencial para o desempenho e competitividade desses sistemas frente aos convencionais (motores-geradores e veiculares). No caso de GD, principalmente no caso de cogeração, são necessários os conhecimentos da engenharia mecânica. Deve-se perceber que em se tratando de veículos, boa parte de sua estrutura é a mesma dos modelos convencionais. A principal diferença encontra-se no sistema de propulsão, no qual inexistem os motores de combustão interna (exceto no caso de veículos híbridos), bem como, em alguns modelos, os sistemas de transmissão, uma vez que os motores elétricos estão diretamente ligados às rodas. Com isso, fica evidente que o sistema de controle elétrico e de suprimento de eletricidade são partes fundamentais dessa tecnologia, o que exige conhecimentos de eletrônica de potência e controle, tradicionais áreas da engenharia elétrica e eletrônica.

Comentário Final

O uso energético do hidrogênio, hoje realizado de forma marginal, deverá ser ampliado nas próximas décadas, motivado por questões ambientais, centradas na necessidade de se reduzir as emissões de Gases de Efeito Estufa. As tecnologias que estão associadas à denominada Economia do Hidrogênio envolvem um grande número de áreas do conhecimento das engenharias, tradicionais como otimização de sistemas térmicos e retificadores de corrente e áreas de fronteira, como de novos materiais (nanocompósitos) e engenharia genética (microorganismos para a bioprodução de hidrogênio). A introdução em massa de veículos a hidrogênio e células a combustível, da mesma forma que os veículos elétricos a baterias, modificará de forma radical o panorama de abastecimento e manutenção automotivo, exigindo pessoal qualificado nessas novas modalidades de veículos. Sem dúvida que a partir desse cenário surgirão muitas aplicações estacionárias para o hidrogênio e as células a combustível, ampliando-se sobremaneira o mercado desses sistemas. De fato, a substituição dos sistemas térmicos por elétricos, mais simples, eficientes e com menores impactos ambientais, já vem ocorrendo em diversos setores e parece inevitável que essa será uma das principais características desse Século XXI.

Referências

SILVA, E. P. Oportunidades para o Brasil na Produção de Hidrogênio a partir do Etanol e Estágio Atual de Desenvolvimento. *Brasil H2 Fuel Cell Expo/Seminar&Fórum H2 Estratégico.* Curitiba/PR, 2007, disponível em www.portalh2.com.br/prtlh2/images/artigos/a47.pdf.

SILVA, E. P. I*ntrodução a Tecnologia e Economia do Hidrogênio.* Campinas: Editora da UNICAMP, 1991, 204 p.

SILVA, E. P. Eletrólise da Água a partir de Fontes de Energia Eólica e Fotovoltaica. *Anais do 3° Workshop Internacional sobre Células a Combustível,* Campinas/SP, 2006, disponível em http://www.ifi.unicamp.br/ceneh/WICaC2006/WICaC2006PDF.html.

SIROSH, N. *DOE Hydrogen Composite Tank Program,* disponível em <www1.eere.energy.gov/hydrogenandfuelcells/pdfs/32405b27.pdf>.

HOOGERS, G. *Fuel Cell Technology Handbook.* Boca Raton, Florida, EUA: CRC Press, 2002.

CANTÃO, M. Célula de Ácido Fosfórico: Experiência com as Primeiras Plantas de Células a Combustível no Brasil. *Anais do 1° Workshop Internacional de Células a Combustível,* Campinas/SP, 2002.

<http://automobiles.honda.com/fcx-clarity/exterior-photos.aspx>, acesso em 12/10/2009.

SILVA, E. P. The Hydrogen Infrastructure in Brazil. *Anais do 4° Workshop Internacional sobre Hidrogênio e Células a Combustível,* Campinas/SP, 2008, disponível em <http://www.ifi.unicamp.br/ceneh/WICaC2008/WICaC2008PDF.htm>.